面向21世纪教材

JavaEE 开发教程

主　编　刘云玉　原晋鹏　罗　刚
副主编　郭顺超　王传德
主　审　石云辉

西南交通大学出版社
·成　都·

图书在版编目（CIP）数据

JavaEE 开发教程 / 刘云玉，原晋鹏，罗刚主编. —
成都：西南交通大学出版社，2019.2
面向 21 世纪教材
ISBN 978-7-5643-6771-8

Ⅰ. ①J… Ⅱ. ①刘… ②原… ③罗… Ⅲ. ①JAVA 语言 - 程序设计 - 高等学校 - 教材 Ⅳ. ①TP312.8

中国版本图书馆 CIP 数据核字（2019）第 026900 号

面向 21 世纪教材
JavaEE Kaifa Jiaocheng
JavaEE 开发教程

主编　刘云玉　原晋鹏　罗　刚

责任编辑　穆　丰
封面设计　原谋书装

出版发行　西南交通大学出版社
（四川省成都市二环路北一段 111 号
西南交通大学创新大厦 21 楼）
邮政编码　610031
发行部电话　028-87600564　028-87600533
网址　http://www.xnjdcbs.com
印刷　成都中永印务有限责任公司

成品尺寸　185 mm × 260 mm
印张　10
字数　236 千
版次　2019 年 2 月第 1 版
印次　2019 年 2 月第 1 次
定价　32.00 元
书号　ISBN 978-7-5643-6771-8

课件咨询电话：028-87600533
图书如有印装质量问题　本社负责退换

前　言

本书从初学者的角度出发，用浅显的实例说明复杂的知识点，为那些想在Java Web开发中大展拳脚的开发人员精心编写而成，所讲内容符合当下的技术主流，并从实战的角度进行讲解，以便让想要学习Java Web编程的开发人员快速掌握其核心内容，并能够根据需求开发出有用的Web应用。

本书介绍了基于java技术的动态网页开发技术JSP与Servlet的相关内容，主要内容包括JSP及Servlet程序运行环境的搭建，JSP的指令、动作、隐含对象，JavaBean，Servlet，MVC，JDBC、数据库连接池、EL表达式语言、AJAX以及jQuery-AJAX。本书以先易后难的顺序介绍了JSP及Servlet开发技术的主要知识点，非常适合作为高校计算机相关专业学习JSP及Servlet开发技术的教材，也可以作为培训机构的培训教材。同时，对于正在使用JSP及Servlet作为编程语言的开发人员，本书也有一定的参考价值。

全书由黔南民族师范学院计算机与信息学院刘云玉、原晋鹏、罗刚担任主编，郭顺超，王传德担任副主编，石云辉担任主审。刘云玉负责编写第1章、第2章，原晋鹏负责编写第3章、第4章，罗刚负责编写第5章，郭顺超负责编写第6章，王传德负责编写第7章，书中所有的实例代码经过编者的实际运行。由于作者水平有限，书中难免有疏漏和不妥之处，诚恳希望广大读者不吝指正。

本书在编写过程中参阅了相关书籍和网站，也得到了许多同事的支持与帮助，作者在此一并表示感谢。

编　者

2018年11月

目　录

第 1 章　JavaEE 概述

【本章学习目标】

了解 JavaEE 的基本概念；
了解 JavaEE 体系结构和技术规范；
熟练掌握 JavaEE 开发环境使用。

1.1　JavaEE 的概念

JavaEE 是一种利用 Java 2 平台来简化企业解决方案开发、部署和管理相关的复杂问题的体系结构。JavaEE 技术的基础就是核心 Java 平台或 Java 2 平台的标准版，其不仅巩固了标准版中的许多优点，例如“编写一次、随处运行”的特性、方便存取数据库的 JDBC API、CORBA 技术以及能够在 Internet 应用中保护数据的安全模式等，同时还提供了对 EJB（Enterprise JavaBeans）、Java Servlets API、JSP（Java Server Pages）以及 XML 技术的全面支持。其最终目的就是成为一个能够帮助企业开发者大幅缩短投放市场时间的体系结构。

JavaEE 体系结构提供中间层集成框架用来满足无须太多费用而又要求高可用性、高可靠性以及可扩展性的应用需求。通过提供统一的开发平台，JavaEE 降低了开发多层应用的费用和复杂性，同时提供对现有应用程序集成强有力支持，完全支持 Enterprise JavaBeans，有良好的向导支持打包和部署应用，添加目录支持，增强了安全机制，提高了性能。

1.2　JavaEE 的优势

JavaEE 为搭建具有可伸缩性、灵活性、易维护性的商务系统提供了良好的机制:

（1）保留现存的 IT 资产。由于企业必须适应新的商业需求，所以利用已有的企业信息系统方面的投资而不是重新制订全盘方案就变得很重要。这样，一个以渐进的（而不是激进的，全盘否定的）方式建立在已有系统之上的服务器端平台机制是公司所需求的。JavaEE 架构可以充分利用用户原有的投资，如一些公司使用的 BEA Tuxedo、IBM CICS，IBM

Encina，Inprise VisiBroker 以及 Netscape Application Server。这之所以成为可能是因为 JavaEE 拥有广泛的业界支持和一些重要的“企业计算”领域供应商的参与。每一个供应商都对现有的客户提供了不用废弃已有投资并进入可移植的 JavaEE 领域的升级途径。由于基于 JavaEE 平台的产品几乎能够在任何操作系统和硬件配置上运行，现有的操作系统和硬件也能被保留使用。

（2）高效的开发：JavaEE 允许公司把一些通用的、很烦琐的服务端的任务交给中间件供应商去完成。这样开发人员可以把精力集中在如何创建商业逻辑上，相应地缩短了开发时间。高级中间件供应商提供以下这些复杂的中间件服务：

状态管理服务——让开发人员写更少的代码，不用关心如何管理状态，这样能够更快地完成程序开发。

持续性服务——让开发人员不用对数据访问逻辑进行编码就能编写应用程序，能生成更轻巧的、与数据库无关的应用程序，这种应用程序更易于开发与维护。

分布式共享数据对象 Cache 服务——让开发人员编制高性能的系统，极大提高整体部署的伸缩性。

（3）支持异构环境：JavaEE 能够开发部署在异构环境中的可移植程序。基于 JavaEE 的应用程序不依赖任何特定操作系统、中间件、硬件，因此设计合理的基于 JavaEE 的程序只需开发一次就可部署到各种平台，这在典型的异构企业计算环境中是十分关键的。JavaEE 标准也允许客户订购与 JavaEE 兼容的第三方的现成的组件，把他们部署到异构环境中，节省了由自己制订整个方案所需的费用。

（4）可伸缩性。企业必须要选择一种服务器端平台，这种平台应能提供极佳的可伸缩性去满足那些在他们系统上进行商业运作的大批新客户。基于 JavaEE 平台的应用程序可被部署到各种操作系统上，例如可被部署到高端 UNIX 与大型机系统，这种系统单机可支持 64 ~ 256 个处理器（这是 NT 服务器所望尘莫及的）。JavaEE 领域的供应商提供了更为广泛的负载平衡策略。能消除系统中的瓶颈，允许多台服务器集成部署。这种部署可达数千个处理器，实现可高度伸缩的系统，满足未来商业应用的需要。

（5）稳定的可用性。一个服务器端平台必须能全天候运转以满足公司客户、合作伙伴的需要。因为 Internet 是全球化的、无时无处不在的，即使在夜间按计划停机也可能造成严重损失。若是意外停机，使会有灾难性后果。JavaEE 部署到可靠的操作环境中，它支持长期的可用性。一些 JavaEE 部署在 Windows 环境中，客户也可选择健壮性能更好的操作系统如 Sun Solaris、IBM OS/390。最健壮的操作系统可达到 99.999%的可用性或每年只需 5 min 停机时间。这是实时性很强商业系统理想的选择。

1.3　JavaEE 的四层模型

JavaEE 使用多层的分布式应用模型，应用逻辑按功能划分为组件，各个应用组件根据他们所在的层分布在不同的机器上。事实上，Sun 设计 JavaEE 的初衷正是为了解决两层模式（Client/Server）的弊端。在传统模式中，客户端担当了过多的角色而显得臃肿，在这种模式中，第一次部署的时候比较容易，但难于升级或改进，可伸展性也不理想，使得重用业务逻辑和界面逻辑非常困难。现在 JavaEE 的多层企业级应用模型将两层化模型中的不同层面切分成许多层。一个多层化应用能够为不同的每种服务提供一个独立的层，以下是 JavaEE 典型的四层结构（见图 1.1）:

（1）运行在客户端机器上的客户层组件。

（2）运行在 JavaEE 服务器上的 Web 层组件。

（3）运行在 JavaEE 服务器上的业务层组件。

（4）运行在 EIS 服务器上的企业信息系统（Enterprise Information System）层软件。

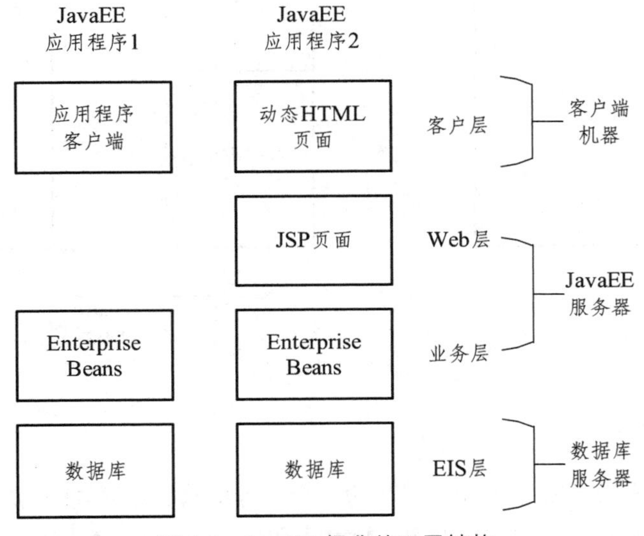

图 1.1　JavaEE 经典的四层结构

1.4　JavaEE 应用程序组件

JavaEE 应用程序是由组件构成的。JavaEE 组件是具有独立功能的软件单元，它们通过相关的类和文件组装成 JavaEE 应用程序，并与其他组件交互。JavaEE 说明书中定义了以下的 JavaEE 组件：

（1）应用客户端程序和 Applets 是客户层组件。

（2）Java Servlet 和 Java Server Pages（JSP）是 Web 层组件。

（3）Enterprise JavaBeans（EJB）是业务层组件。

1. 客户层组件

JavaEE 应用程序可以是基于 Web 方式的，也可以是基于传统方式的。

2. web 层组件

JavaEE Web 层组件可以是 JSP 页面或 Servlet。按照 JavaEE 规范，静态的 HTML 页面和 Applets 不算是 Web 层组件。

如图 1.2 所示的客户层那样，Web 层可能包含某些 JavaBean 对象来处理用户输入，并把输入发送给运行在业务层上的 Enterprise Bean 来进行处理。

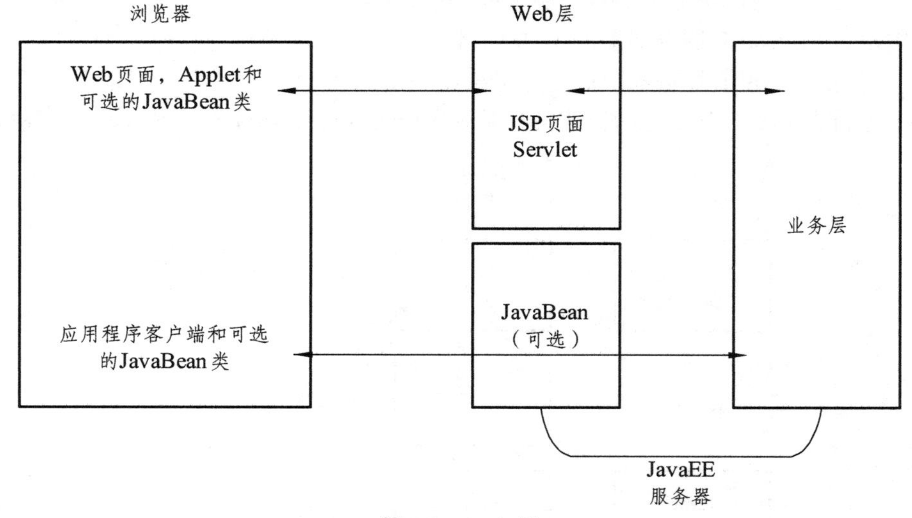

图 1.2　Web 层

3. 业务层组件

业务层代码的逻辑用来满足银行、零售、金融等特殊商务领域的需要，由运行在业务层上的 Enterprise Bean 进行处理。图 1.3 所示表明了一个 Enterprise Bean 是如何从客户端程序接收数据并进行处理的（如果必要的话），然后发送到 EIS 层储存，这个过程也可以逆向进行。

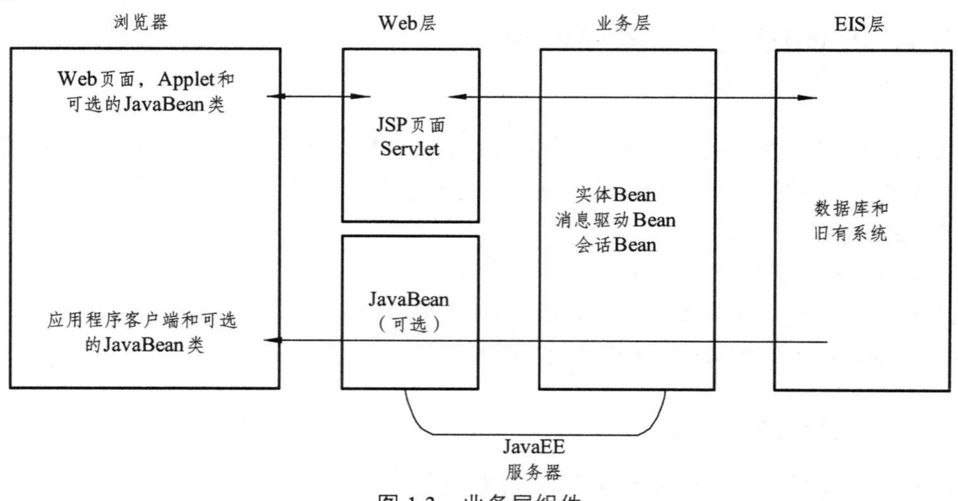

图 1.3　业务层组件

有三种企业级的 Bean：会话（Session）Beans，实体（Entity）Beans 和消息驱动（Message-Driven）Beans。会话 Bean 表示与客户端程序的临时交互，当客户端程序执行完后，会话 Bean 和相关数据就会消失。相反，实体 Bean 表示数据库的表中一行永久的记录，当客户端程序中止或服务器关闭时，就会有潜在的服务保证实体 Bean 的数据得以保存。消息驱动 Bean 结合了会话 Bean 和 JMS 的消息监听器的特性，允许一个业务层组件异步接收 JMS 消息。

1.5　JavaEE 的结构

这种基于组件、具有平台无关性的 JavaEE 结构使得 JavaEE 程序的编写十分简单，因为业务逻辑被封装成可复用的组件，并且 JavaEE 服务器以容器的形式为所有的组件类型提供后台服务，如图 1.4 所示。

JavaEE 应用组件可以安装部署到以下几种容器中去：

（1）EJB 容器管理所有 JavaEE 应用程序中企业级 Bean 的执行。Enterprise Bean 和它们的容器运行在 JavaEE 服务器上。

（2）Web 容器管理所有 JavaEE 应用程序中 JSP 页面和 Servlet 组件的执行。Web 组件和它们的容器运行在 JavaEE 服务器上。

（3）应用程序客户端容器管理所有 JavaEE 应用程序中应用程序客户端组件的执行。应用程序客户端和它们的容器运行在 JavaEE 服务器上。

（4）Applet 容器是运行在客户端机器上的 Web 浏览器和 Java 插件的结合。

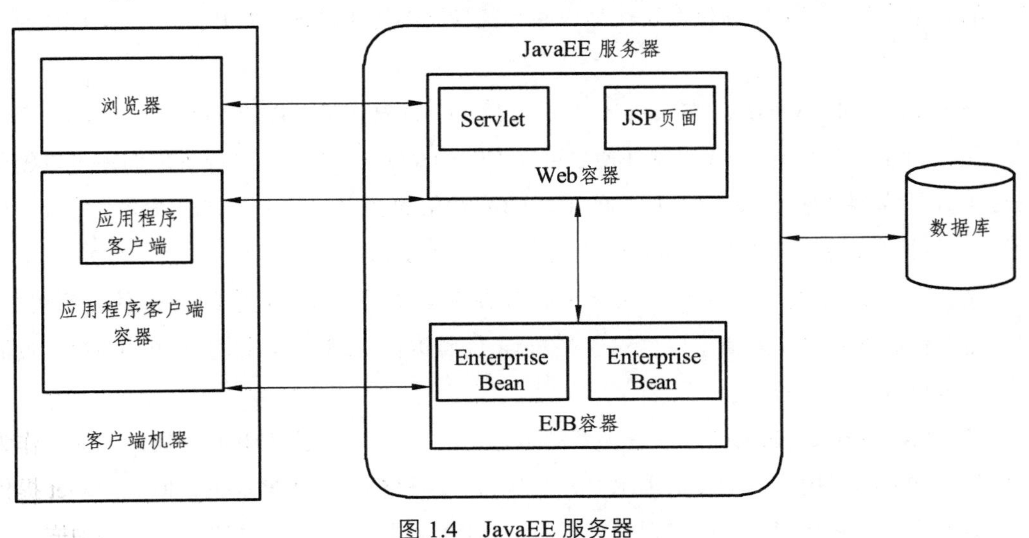

图 1.4　JavaEE 服务器

1.6 JavaEE 的核心 API 与组件

JavaEE 平台由一整套服务（Services）、应用程序接口（APIs）和协议构成，它对开发基于 Web 的多层应用提供了功能支持，下面对 JavaEE 中的 13 种技术规范进行简单的描述（限于篇幅，这里只能进行简单的描述）：

（1）JDBC（Java Database Connectivity）：JDBC API 为访问不同的数据库提供了一种统一的途径，ODBC 一样，JDBC 对开发者屏蔽了一些细节问题，另外，JDCB 对数据库的访问也具有平台无关性。

（2）JNDI（Java Name and Directory Interface）：JNDI API 被用于执行名字和目录服务。它提供了一致的模型来存取和操作企业级的资源，如 DNS 和 LDAP，本地文件系统或应用服务器中的对象。

（3）EJB（Enterprise JavaBean）：JavaEE 技术之所以赢得广泛重视的原因之一就是 EJB。它们提供了一个框架来开发和实施分布式商务逻辑，由此很显著地简化了具有可伸缩性和高度复杂的企业级应用的开发。EJB 规范定义了 EJB 组件在何时如何与它们的容器进行交互作用。容器负责提供公用的服务，例如目录服务、事务管理、安全性、资源缓冲池以及容错性。但这里值得注意的是，EJB 并不是实现 JavaEE 的唯一途径。正是由于 JavaEE 的开放性，使得有的厂商能够以一种和 EJB 平行的方式来达到同样的目的。

（4）RMI（Remote Method Invoke）：正如其名字所表示的那样，RMI 协议调用远程对象上的方法。它使用了序列化方式在客户端和服务器端传递数据。RMI 是一种被 EJB 使用的更底层的协议。

（5）Java IDL/CORBA: 在 Java IDL 的支持下，开发人员可以将 Java 和 CORBA 集成在一起。 他们可以创建 Java 对象并使之可在 CORBA ORB 中展开， 或者他们还可以创建 Java 类并作为和其他 ORB 一起展开的 CORBA 对象的客户。后一种方法提供了另外一种途径，通过它 Java 可以被用于将新的应用和旧的系统相集成。

（6）JSP（Java Server Pages）：JSP 页面由 HTML 代码和嵌入其中的 Java 代码所组成。服务器在页面被客户端所请求以后对这些 Java 代码进行处理，然后将生成的 HTML 页面返回给客户端的浏览器。

（7）Java Servlet: Servlet 是一种小型的 Java 程序，它扩展了 Web 服务器的功能。作为一种服务器端的应用，Servlet 被请求时开始执行，这和 CGI Perl 脚本很相似。Servlet 提供的功能大多与 JSP 类似，不过实现的方式不同。JSP 通常是在大多数 HTML 代码中嵌入少量的 Java 代码，而 Servlet 全部由 Java 写成并且生成 HTML。

（8）XML（Extensible Markup Language）：XML 是一种可以用来定义其他标记语言的语言。它被用来在不同的商务过程中共享数据。XML 的发展和 Java 是相互独立的，但是，它和 Java 具有的相同目标：平台独立性。通过将 Java 和 XML 的组合，您可以得到一个完美的具有平台独立性的解决方案。

（9）JMS（Java Message Service）：JMS 是用于和面向消息的中间件相互通信的应用程序接口（API）。它既支持点对点的域，又支持发布/订阅（Publish/Subscribe）类型的域，并且提供对下列类型的支持：经认可的消息传递，事务型消息的传递，一致性消息和具有持久性的订阅者支持。JMS 还提供了另一种方式来对用户应用与旧的后台系统相集成。

（10）JTA（Java Transaction Architecture）：JTA 定义了一种标准的 API，应用系统由此可以访问各种事务监控。

（11）JTS（Java Transaction Service）：JTS 是 CORBA OTS 事务监控的基本实现。JTS 规定了事务管理器的实现方式。该事务管理器是在高层支持 Java Transaction API（JTA）规范，并且在较低层实现 OMG OTS Specification 的 Java 映像。JTS 事务管理器为应用服务器、资源管理器、独立的应用以及通信资源管理器提供了事务服务。

（12）JavaMail: JavaMail 是用于存取邮件服务器的 API，它提供了一套邮件服务器的抽象类。不仅支持 SMTP 服务器，也支持 IMAP 服务器。

（13）JAF（JavaBeans Activation Framework）：JavaMail 利用 JAF 来处理 MIME 编码的邮件附件。MIME 的字节流可以被转换成 Java 对象，或者转换自 Java 对象。大多数应用都可以不需要直接使用 JAF。

1.7　JavaEE 开发环境

1.7.1　JDK 的下载和安装

Java 开发工具包，英文全称为 Java Development Kit（简称 JDK），是 Java EE 平台应用程序的基础，利用它可以构建组件、开发应用程序。JDK 是开源免费的工具，可以到 Oracle 公司官网下载。

（1）进入 Oracle 官网，选择 JavaSE 下载页面，在页面中选择 Java SE7 下载，适合 Windows 操作系统的 JDK 有两个版本，一个是 Windows X86，一个是 Windows X64，如果读者的操作系统是 32 位的，选择 Windows X86 版本，如果是 64 位，则两个版本任意选择一个，如图 1.5 所示。

Java SE Development Kit 7u80

You must accept the Oracle Binary Code License Agreement for Java SE to download this software.

Accept License Agreement　Decline License Agreement

Product / File Description	File Size	Download
Linux x86	130.44 MB	jdk-7u80-linux-i586.rpm
Linux x86	147.68 MB	jdk-7u80-linux-i586.tar.gz
Linux x64	131.69 MB	jdk-7u80-linux-x64.rpm
Linux x64	146.42 MB	jdk-7u80-linux-x64.tar.gz
Mac OS X x64	196.94 MB	jdk-7u80-macosx-x64.dmg
Solaris x86 (SVR4 package)	140.77 MB	jdk-7u80-solaris-i586.tar.Z
Solaris x86	96.41 MB	jdk-7u80-solaris-i586.tar.gz
Solaris x64 (SVR4 package)	24.72 MB	jdk-7u80-solaris-x64.tar.Z
Solaris x64	16.38 MB	jdk-7u80-solaris-x64.tar.gz
Solaris SPARC (SVR4 package)	140.03 MB	jdk-7u80-solaris-sparc.tar.Z
Solaris SPARC	99.47 MB	jdk-7u80-solaris-sparc.tar.gz
Solaris SPARC 64-bit (SVR4 package)	24.05 MB	jdk-7u80-solaris-sparcv9.tar.Z
Solaris SPARC 64-bit	18.41 MB	jdk-7u80-solaris-sparcv9.tar.gz
Windows x86	138.35 MB	jdk-7u80-windows-i586.exe
Windows x64	140.09 MB	jdk-7u80-windows-x64.exe

Back to top

图 1.5　JDK 下载页面

（2）在 C 盘根目录下新建一个文件夹，命名为 JDK。双击下载的 JDK 安装文件，将 JDK 安装路径设置为 C:\JDK，如图 1.6 所示；JRE 安装路径设置为默认路径即可，如图 1.7 所示。

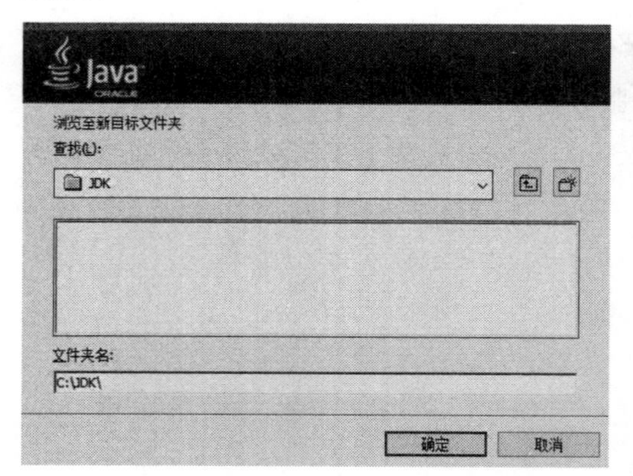

图 1.6　JDK 安装路径设置

图 1.7　JRE 安装路径设置为默认路径

（3）单击“开始”菜单，选择“运行”，输入命令“cmd”，如图 1.8 所示。单击“确定”按钮，出现命令提示窗口，输入“java -version”，若出现如图 1.9 所示的结果，表示 JDK 的安装和配置成功。

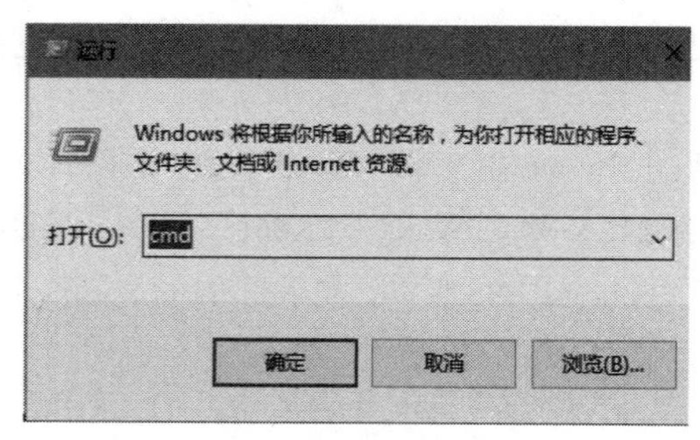

图 1.8　运行窗口

```
C:\Windows\system32\cmd.exe
(c) 2017 Microsoft Corporation。保留所有权利。

C:\Users\john>java -version
java version "1.8.0_162"
Java(TM) SE Runtime Environment (build 1.8.0_162-b12)
Java HotSpot(TM) 64-Bit Server VM (build 25.162-b12, mixed mode)

C:\Users\john>_
```

图 1.9　验证 JDK

1.7.2　Tomcat 的下载和安装

Tomcat 是一个开源的、免费的、用于构建中小型网络应用开发的 Web 服务器。当在一台机器上配置好 Apache 服务器，可利用它响应对 HTML 页面的访问请求。实际上 Tomcat 部分是 Apache 服务器的扩展，但它是独立运行的，所以当运行 Tomcat 时，它实际上是作为一个与 Apache 独立的进程单独运行。当配置正确时，Apache 为 HTML 页面服务，而 Tomcat 作为 JSP 页面和 Servlet 容器。如图 1.10 所示，选择左侧的“Download”下面的“Tomcat 7”，然后在右侧页面的“Binary Distributions”下选择相应的版本下载。以“zip”结尾的是免安装版，如果操作系统是 32 位，选择“32-bit Windows zip”，如果操作系统是 64 位，选择“64-bit Windows zip”；如果要使用安装版，单击“32-bit/64-bit Windows Service Installer”。免安装下载后直接解压就可以使用，安装版下载后双击进行安装。本教程使用的是“64-bit Windows zip”，解压后的 tomcat 目录如图 1.11 所示。

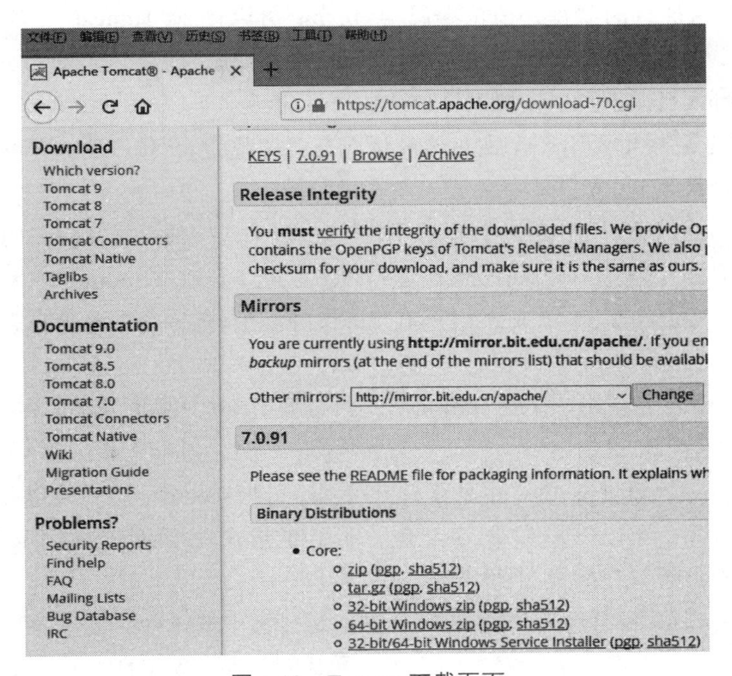

图 1.10　Tomcat 下载页面

名称	修改日期	类型	大小
bin	2018/9/20 16:05	文件夹	
conf	2018/9/20 16:05	文件夹	
lib	2018/9/20 16:05	文件夹	
logs	2018/9/4 23:28	文件夹	
temp	2018/9/20 16:05	文件夹	
webapps	2018/9/20 16:05	文件夹	
work	2018/9/4 23:28	文件夹	
BUILDING.txt	2018/9/4 23:29	文本文档	20 KB
CONTRIBUTING.md	2018/9/4 23:29	MD 文件	7 KB
LICENSE	2018/9/4 23:29	文件	57 KB
NOTICE	2018/9/4 23:29	文件	2 KB
README.md	2018/9/4 23:29	MD 文件	4 KB
RELEASE-NOTES	2018/9/4 23:29	文件	8 KB
RUNNING.txt	2018/9/4 23:29	文本文档	17 KB

图 1.11　Tomcat 目录

Tomcat 一级目录：

（1）bin：Tomcat 执行脚本目录，主要是用来存放 tomcat 的命令，主要有两大类，一类是以.sh 结尾的 linux 命令，另一类是以.bat 结尾的 windows 命令。很多环境变量的设置都在此处，例如可以设置 JDK 路径、Tomcat 路径。startup 文件用来启动 Tomcat，shutdown 文件用来关闭 Tomcat，修改 Catalina 可以设置 Tomcat 的内存等参数。

（2）conf：conf 目录主要是用来存放 Tomcat 的一些配置文件。server.xml 可以端口号、域名或 IP、默认加载的项目；请求编码 web.xml 可以设置 Tomcat 支持的文件类型；context.xml 可以用来配置数据源之类的；tomcat-users.xml 用来配置管理 Tomcat 的用户与权限，在 Catalina 目录下可以设置默认加载的项目。

（3）lib：lib 目录主要用来存放 tomcat 运行需要加载的 jar 包。例如，可以把连接数据库的 JDBC 的包加入到 lib 目录中来。

（4）logs：logs 目录用来存放 Tomcat 在运行过程中产生的日志文件，例如非常重要的控制台输出的日志（清空不会对 Tomcat 运行带来影响）。在 Windows 环境中，控制台的输出日志在 catalina.xxxx-xx-xx.log 文件。在 Linux 环境中，控制台的输出日志在 catalina.out 文件中。

（5）temp：temp 目录用户存放 Tomcat 在运行过程中产生的临时文件（清空不会对 tomcat 运行带来影响）。

（6）webapps：webapps 目录用来存放应用程序，当 Tomcat 启动时会去加载 webapps 目录下的应用程序。可以以文件夹、war 包、jar 包的形式发布应用，也可以把应用程序放置在磁盘的任意位置，在配置文件中映射好就行。

（7）work：work 目录用来存放 Tomcat 在运行过程中编译后的文件，例如 JSP 编译后的文件。清空 work 目录，然后重启 Tomcat，可以达到清除缓存的作用。

1.7.3　Eclipse 的下载和安装

Eclipse 是一个开放源代码的、基于 Java 的可扩展开发平台。就其本身而言，它只是一个框架和一组服务，用于通过插件、组件构建开发环境。幸运的是，Eclipse 附带了一个标准的插件集，包括 Java 开发工具（Java Development Kit，JDK）。虽然大多数用户很乐于将 Eclipse 当作 Java 集成开发环境(IDE)来使用,但 Eclipse 的目标却不仅限于此。Eclipse 还包括插件开发环境（Plug-in Development Environment，PDE），这个组件主要针对希望扩展 Eclipse 的软件开发人员，因为它允许他们构建与 Eclipse 环境无缝集成的工具。由于 Eclipse 中的每样东西都是插件，对于给 Eclipse 提供插件，以及给用户提供一致和统一的集成开发环境而言，所有工具开发人员都具有同等的发挥场所。这种平等和一致性并不仅限于 Java 开发工具。尽管 Eclipse 是使用 Java 语言开发的，但它的用途并不限于 Java 语言，例如，支持诸如 C/C++、COBOL、PHP、Android 等编程语言的插件已经可用。

（1）在浏览器地址栏中输入 http://www.eclipse.org/downloads，点击图 1.12 所示的图标进行进行下载。

图 1.12　Eclipse 下载

（2）下载完成后双击进行安装，可以看到弹出如图 1.13 所示的界面，在界面中选择“Eclipse IDE for Java EE Developers”。

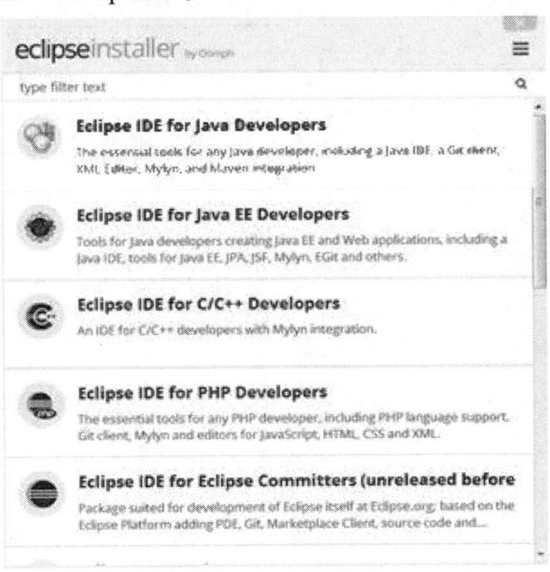

图 1.13　选择安装类型

（3）选择了安装类型后，会出现如图 1.14 所示的界面。在图 1.14 所示的界面中选择安装的目录，然后单击“INSTALL”。安装完成后可以看到如图 1.15 所示界面，单击界面的“LAUNCH”运行 Eclipse，可以看到如图 1.16 所示的界面。

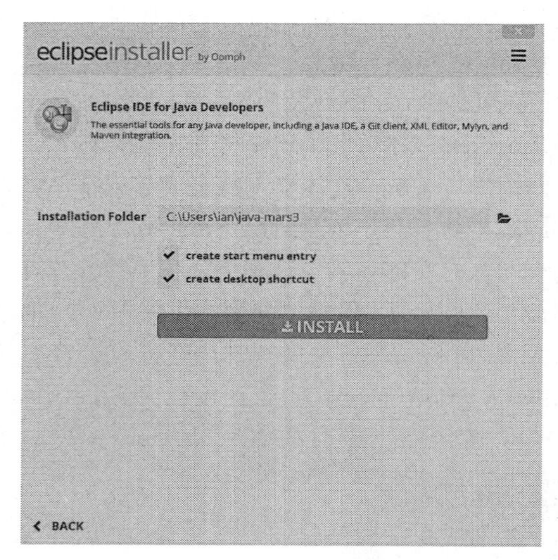

图 1.14　选择安装路径

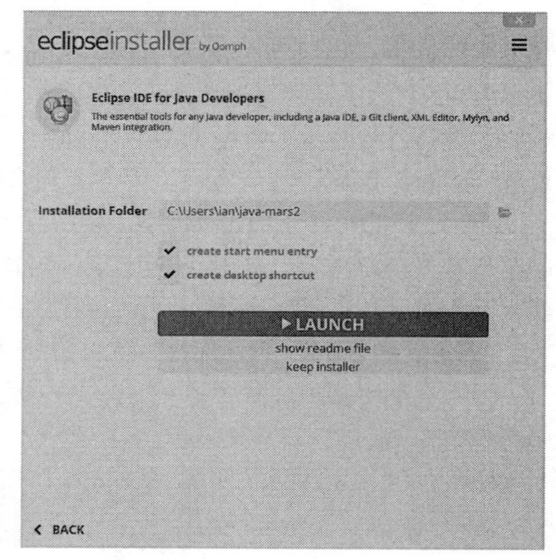

图 1.15　安装完成

（4）在弹出的选择工作空间的对话框中，指定工作空间位置为 Eclipse 安装目录下的 workspace 目录下，如图 1.16 所示。说明：在每次启动 Eclipse 时，都会弹出设置工作空间的对话框，如果想在以后启动时，不再进行工作空间设置，可以在对话框中选中“Use this as the default and do not ask again”复选框。

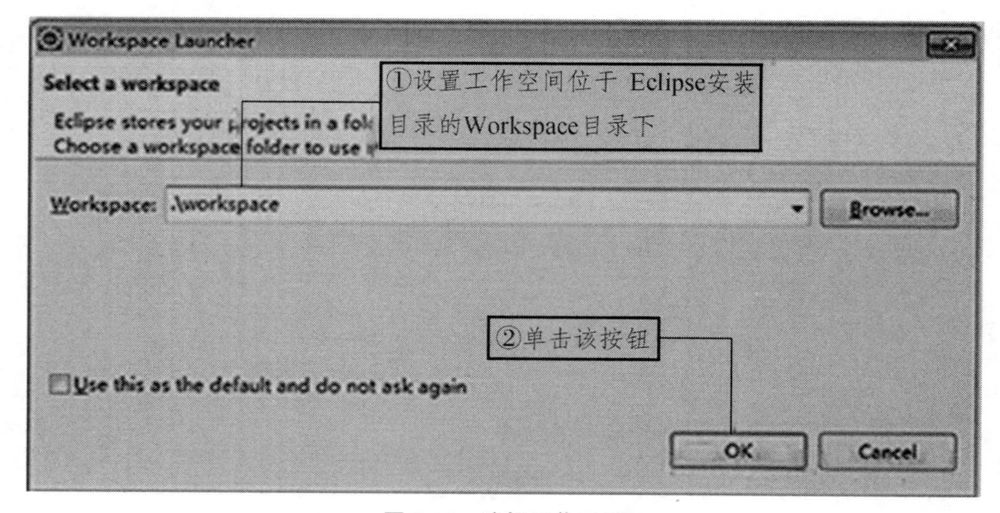

图 1.16　选择工作目录

（5）单击“OK”按钮，若是初次进入在步骤（4）中选择的工作空间，则出现 Eclipse 的欢迎页面，否则直接进入到 Eclipse 的工作台。如果出现欢迎界面，则关闭欢迎界面，将进入到 Eclipse 的主界面，即 Eclipse 的工作台窗口。Eclipse 的工作台主要由菜单栏、工具栏、透视图工具栏、透视图、项目资源管理器视图、大纲视图、编辑器和其他视图组成，如图 1.17 所示。

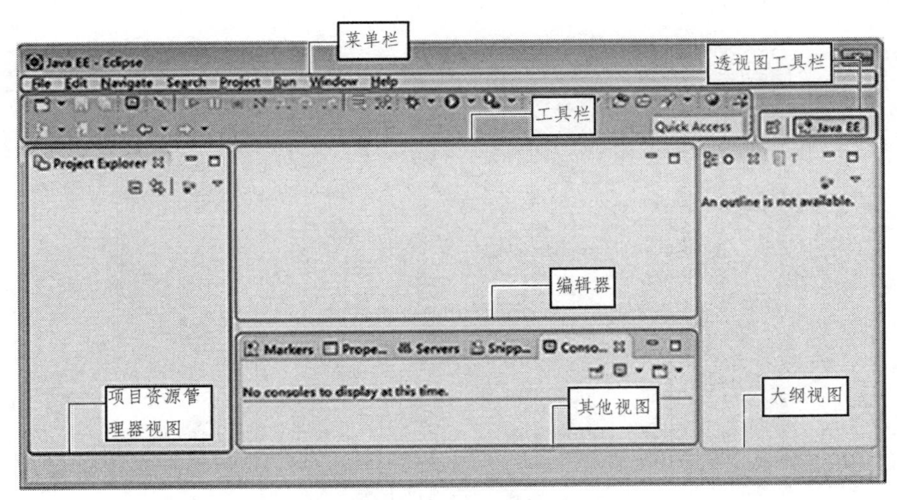

图 1.17　Eclipse 的工作台

在 Eclipse 工作台的上方提供了菜单栏，该菜单栏包含了实现 Eclipse 各项功能的命令，并且与编辑器相关，即菜单栏中的菜单项与当前编辑器内打开的文件是关联的。

（6）Eclipse 集成 Tomcat。在菜单栏选择“Window”→“Preferences”，弹出如图 1.18 所示对话框。在界面左边导航树选择“Server”→“Runtime Environment”，在界面右部分单击“Add”出现如图 1.19 所示的界面。

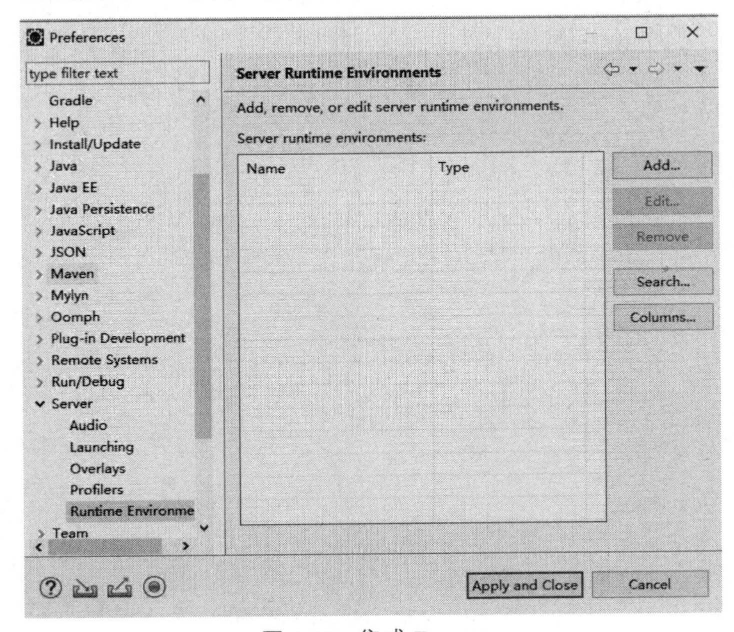

图 1.18　集成 Tomcat

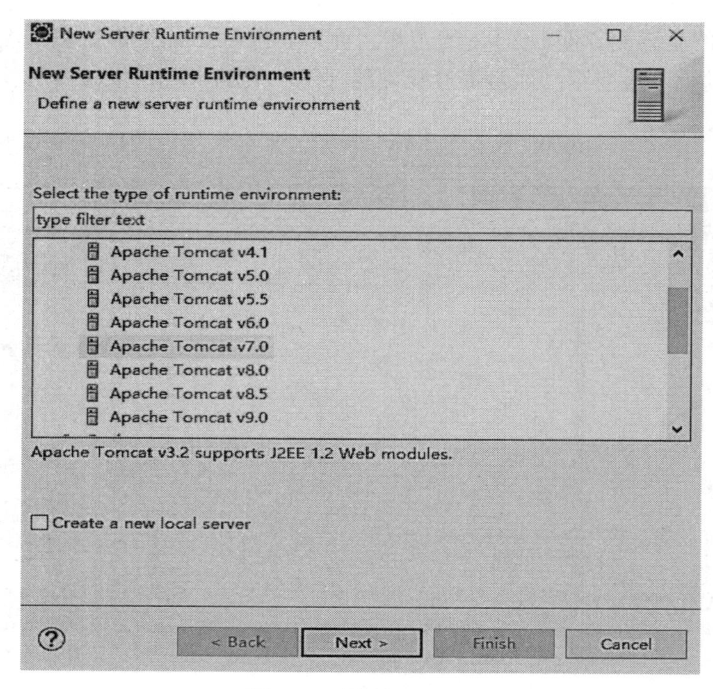

图 1.19 配置 Tomcat

在图 1.19 所示的界面中选择对应的 Tomcat 的版本，本教程使用的是 Tomcat8.5，单击“Apache TomcatV8.5”，然后单击“Next”，出现如图 1.20 所示界面。在图 1.20 所示的界面中单击“Browse”，选择安装路径，完成后单击“Finish”。

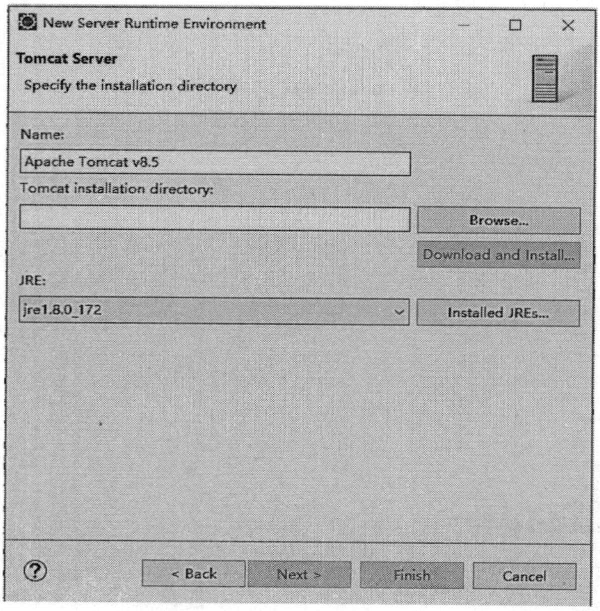

图 1.20 选择 Tomcat 安装目录

1.8　创建 Web 工程

（1）打开 Eclipse 后在菜单栏依次点击“File”→“New”→“Dynamic Web Project”，该选项就代表新建的项目是Web项目，如图1.21所示。如果没有找到“Dynamic Web Project”请看第（2）、（3）步。

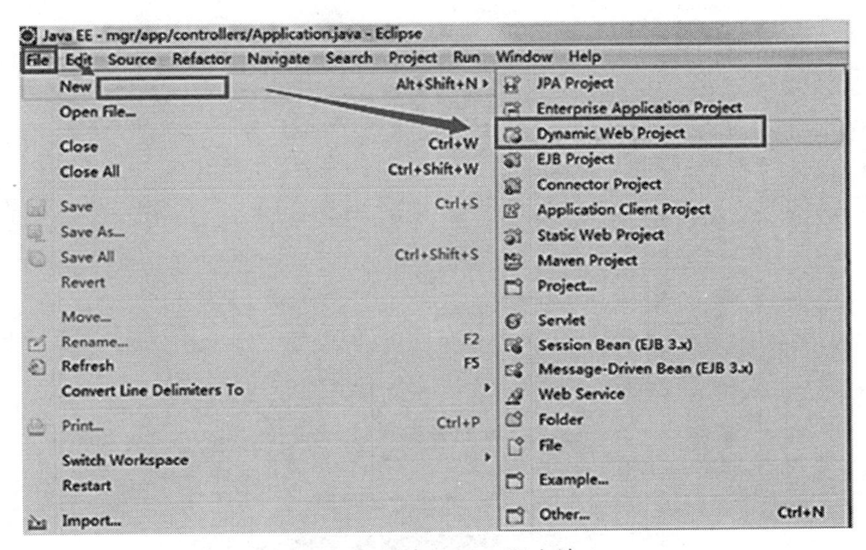

图 1.21　新建 Web 工程方法 1

（2）如果找不到“Dynamic Web Project”这个选项，说明以前没有建立过 Web 项目，所以不在快捷导航里，这时点击“Other”选项，如图 1.22 所示。

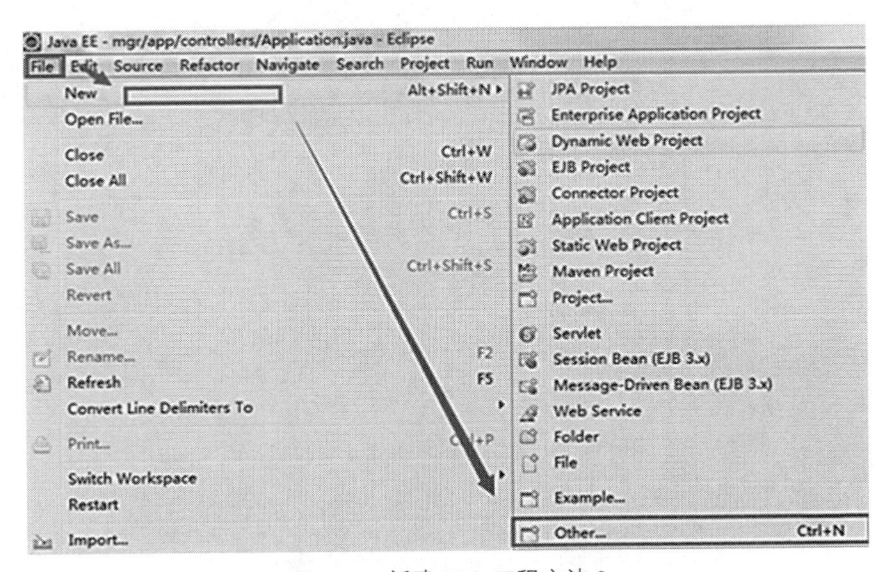

图 1.22　新建 Web 工程方法 2

（3）如图 1.23 所示，弹出查询窗口，查询的内容是所有可以建立的项目类型，比如 Java 项目、Web 项目等，都可以在这个窗口查询得到。因为要建立 Web 项目，所以在查询输入框里输入“Web”，下面会列出所有 Web 相关的项目，现在，选择“Dynamic Web Project”这个类型的项目，然后点击“Next”按钮，出现图 1.24 所示的对话框。

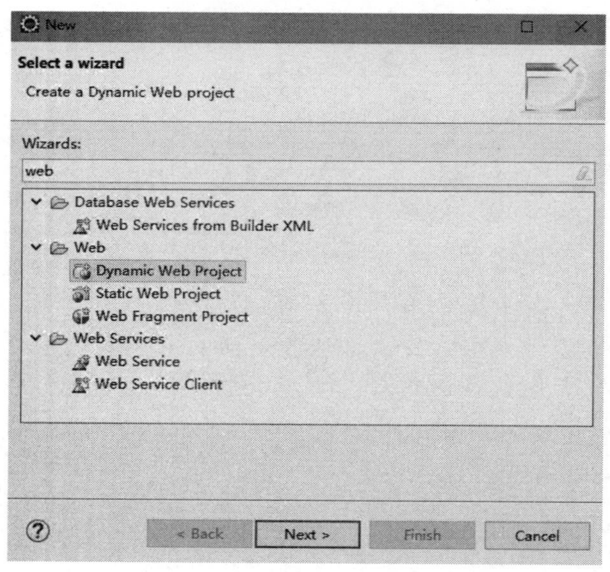

图 1.23　新建项目向导

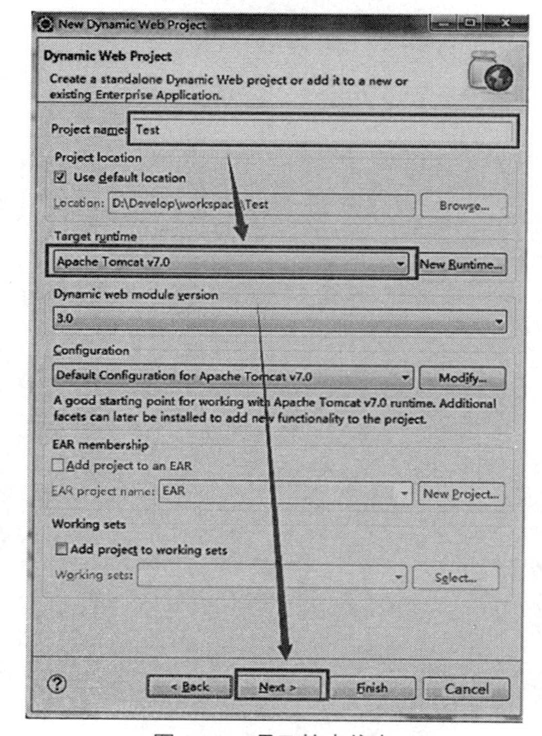

图 1.24　项目基本信息

（4）在对话框中输入基本信息，包括项目名、项目运行时服务器版本等，在这里输入一个“Test”来测试项目的建立，输入完毕后点击“Next”按钮出现如图 1.25 所示的对话框。

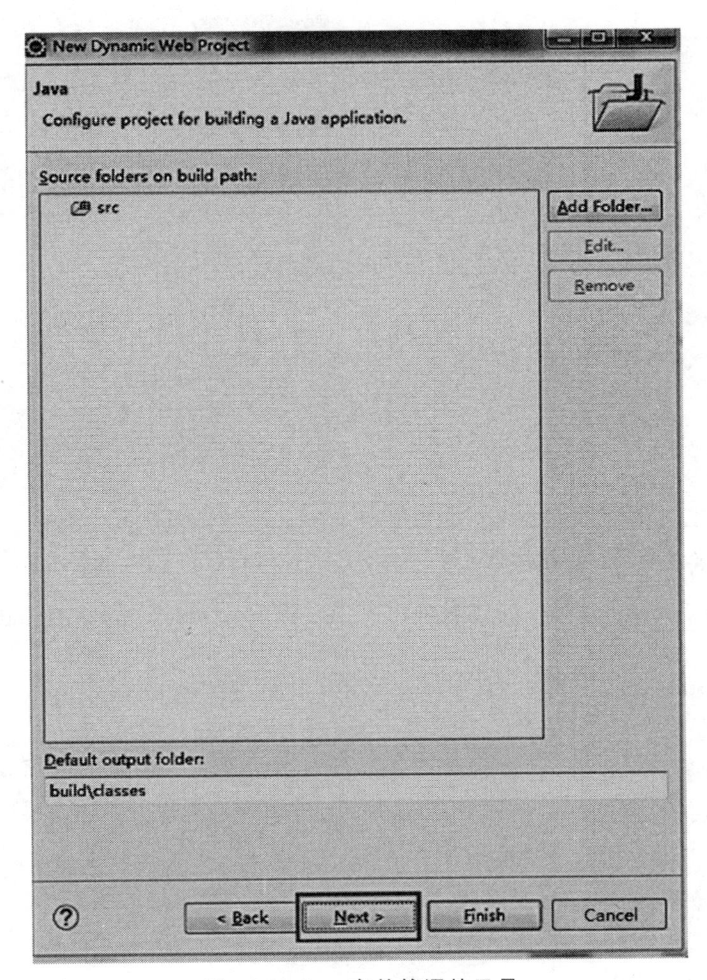

图 1.25　Java 文件编译的目录

（5）对话框中显示了 Web 项目中需要编译的 Java 文件的目录，默认是 src 目录，这个不需要修改，直接点击“Next”，出现如图 1.26 所示对话框。

（6）对话框中显示的是 Web 项目以及 Web 文件相关的目录，例如：HTML 或者 JSP 或者 JS 那些与 Web 相关的文件存放的目录，默认是“WebContent”，也可以修改成想要的文件名，注意，下面有个复选框，表示的是是否要自动生成“web.xml”文件。

说明：“web.xml”文件是 Web 项目的核心文件，也是 Web 项目的入口，老版本的 Eclipse 都会有这个文件，但是新版本的 Eclipse 因为可以使用在 Java 代码中注解的方式，所以提供让用户选择是否要生成该文件，建议初学者最好选择生成，然后点击“Finish”完成 Web 项目的创建。Web 项目生成后可以看到如图 1.27 所得项目目录结构。

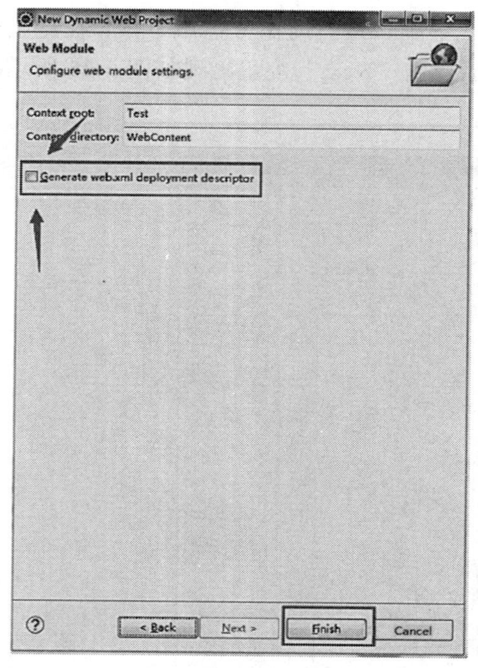

图 1.26　设置 Web 文件相关的目录

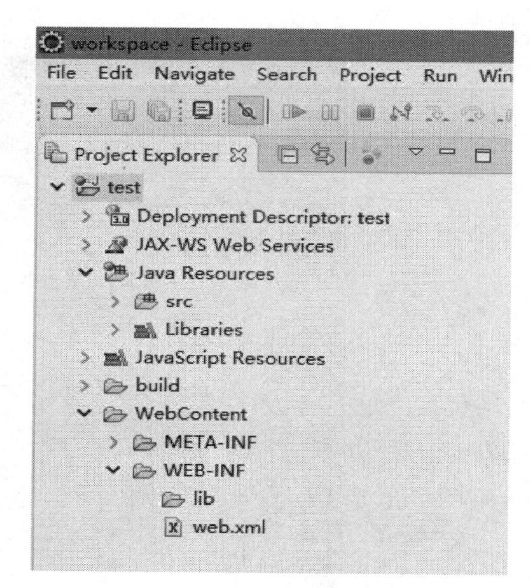

图 1.27　Web 项目目录结构

（7）在 WebContent 目录下新建 HTML 页面，命名为 index.html，在 index.html 中输入以下内容：

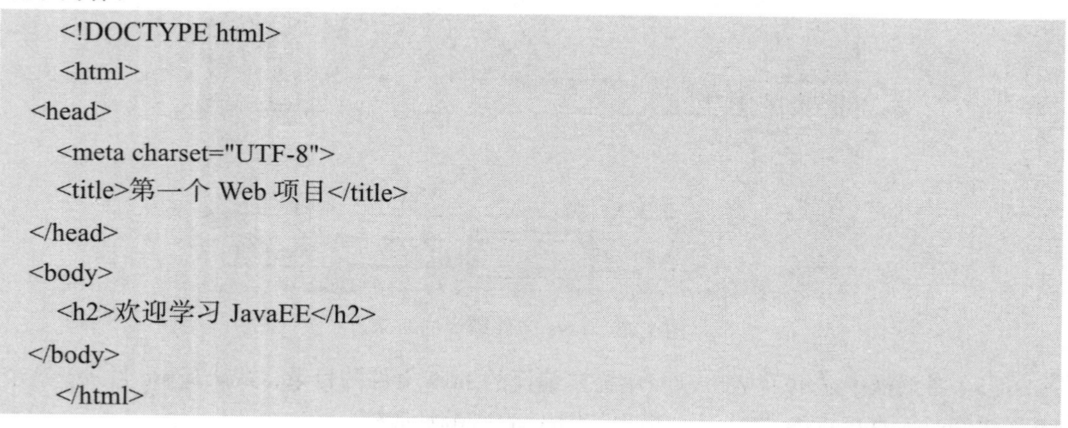

```
<!DOCTYPE html>
<html>
<head>
  <meta charset="UTF-8">
  <title>第一个 Web 项目</title>
</head>
<body>
  <h2>欢迎学习 JavaEE</h2>
</body>
</html>
```

（8）发布项目并运行。在图 1.28 所示的界面中单击“No servers are available.Click this link to create a new server…”，弹出如图 1.29 所示的对话框。

图 1.28　新建服务步骤 1

在该对话框中，选择 Tomcatv7.0 Server，单击“Next”，弹出如图 1.30 所示对话框。在该对话框中选择左边“test”，然后单击“Add”按钮，最后单击“Finish”。在 Eclipse 的“servers”窗口中看到如图 1.31 所示的内容。

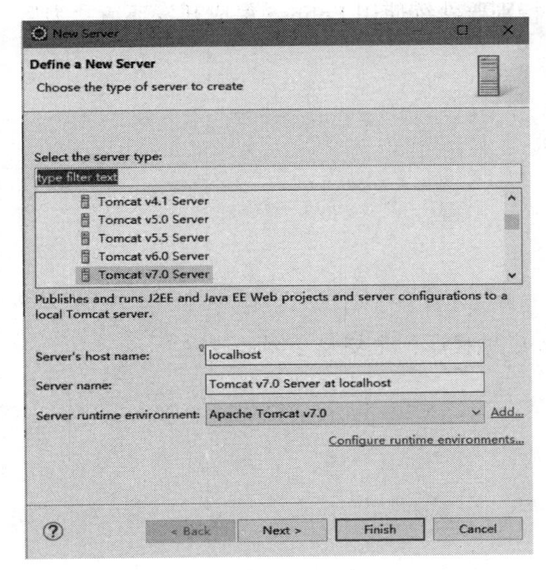

图 1.29　新建服务步骤 2

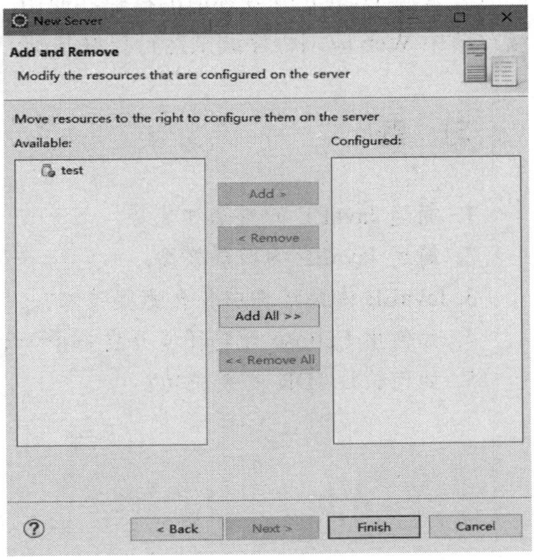

图 1.30　新建服务步骤 3

图 1.31　服务新建完成

（9）在图 1.31 所示的界面中单击“ ”图标，启动 Tomcat。然后在浏览器中输入“localhost:8080/test/index.html”，出现如图 1.32 所示的内容。

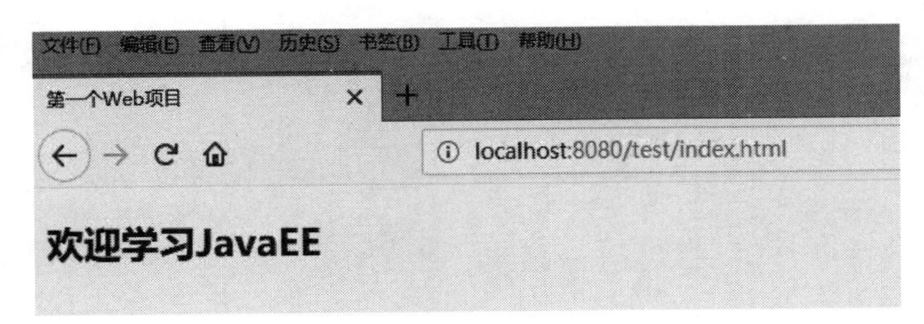

图 1.32　访问 index.html

1.9　本章小结

本章首先介绍了 JavaEE 的概念、优势以及 JavaEE 的四层模型，使读者对 JavaEE 有个初步的了解；然后介绍了 JavaEE 的开发环境的搭建包括 JDK、Tomcat 和 Eclipse 的下载安装；最后介绍了如何使用 Eclipse 新建一个 Web 项目并发布到 tomcat，以及如何访问。

通过本章学习，读者应对 JavaEE 的概念、体系结构与技术规范有了比较深刻的理解，同时要掌握 JavaEE 开发环境的搭建和使用，特别要熟练使用 Eclipse 集成开发环境，为后续章节中 Web 应用程序调试运行打好基础。

习　题

1. 简述 JavaEE 的概念和优势。
2. 简述 JavaEE 的四层模型。
3. JavaEE 体系结构中包含哪些技术？
4. 如何用 Eclipse 开发环境开发一个 Web 应用程序？主要包含哪些步骤？
5. 如何验证 JDK 安装成功？

第 2 章　JSP

【本章学习目标】

了解 JSP 页面的构成；
了解 JavaBean 的基本概念；
掌握 JSP 中注释、指令标识、脚本标识的使用；
重点掌握 include 动作和 include 指令在包含文件的区别；
掌握 JavaBean 的创建方法；
熟练掌握在 JSP 页面中使用 JavaBean 的方法。

2.1　什么是 JSP

JSP 全称为 Java Server Pages，是一种动态网页开发技术。它使用 JSP 标签在 HTML 网页中插入 Java 代码。标签通常以“<%”开头，以“%>”结束。

JSP 是一种 Java Servlet，主要用于实现 Java Web 应用程序的用户界面部分。网页开发者们通过结合 HTML 代码、XHTML 代码、XML 元素以及嵌入 JSP 操作和命令来编写 JSP。

JSP 通过网页表单获取用户输入数据，访问数据库及其他数据源，然后动态地创建网页。

JSP 标签有多种功能，比如访问数据库、记录用户选择信息、访问 JavaBeans 组件等，还可以在不同的网页中传递控制信息和共享信息。

JSP 的优势在于其动态代码部分用 Java 编写，因此，JSP 具有更强的功能，且更适合复杂的需要可重用部件的应用。

JSP 可以移植到其他的操作系统和 Web 服务器，而不是只限于在 Windows 和 IIS 上。

JSP 将内容的生成和显示相分离，与 Servlet 结合有利于构建更为清晰且可重用的组件。另外，“一次编写、处处运行”的 Java 特性对于 JSP 而言同样适用。

2.2　JSP 语法

在 JSP 代码中主要包含了两类元素：

模板元素；

JSP 元素。

模板元素是指 JSP 引擎不处理的部分，也就是说除了 JSP 语法部分外，JSP 引擎将会把这部分信息直接传递出去而不进行任何的处理。如 HTML 内容，这些数据会直接传送给客户端的浏览器。

JSP 元素是指由 JSP 引擎直接处理的部分，这一部分必须符合 JSP 语法规范，否则将导致编译错误。

JSP 语法分为三种不同的类型：指令元素、脚本元素、动作元素。

指令元素：包含指令、页面指令、标签指令。它们是针对 JSP 引擎设计的，是用来告诉引擎如何处理 JSP 网页。

脚本元素包括：注释、声明、表达式、脚本段。这类语法在 JSP 页面上使用的最多。

动作元素包括：<jsp:forward>、<jsp:include>、<jsp:plugin>、<jsp:getProperty>、<jsp:setProperty>、<jsp:useBean>。它们是用来控制 JSP 引擎的动作，如跳转到另一个页面或是设置一个 JavaBean 的属性值等。

【例 2.1】一个简单的 JSP 例子如下：

（1）运行 Eclipse，选择菜单“File”→“new”→“Dynamic Web Project”或者菜单“File”→“new”→“other”→“Web”→“Dynamic Web Project”，在对话框的 Project name 栏中输入工程名称 JSP_Demo，如图 2.1 所示，单击下一步，直到出现图 2.2 所示对话框，在对话框中使“Generate web.xml deployment descriptor”复选框为选中状态，然后单击“Finish”按钮，最后工程的目录如图 2.3 所示。

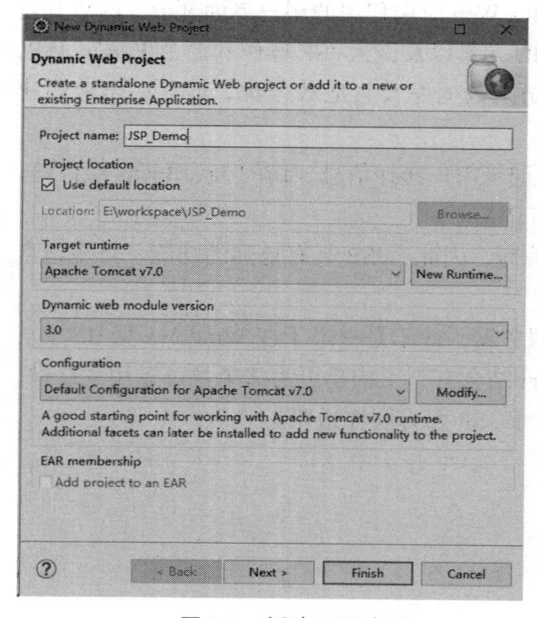

图 2.1 新建工程步骤 1

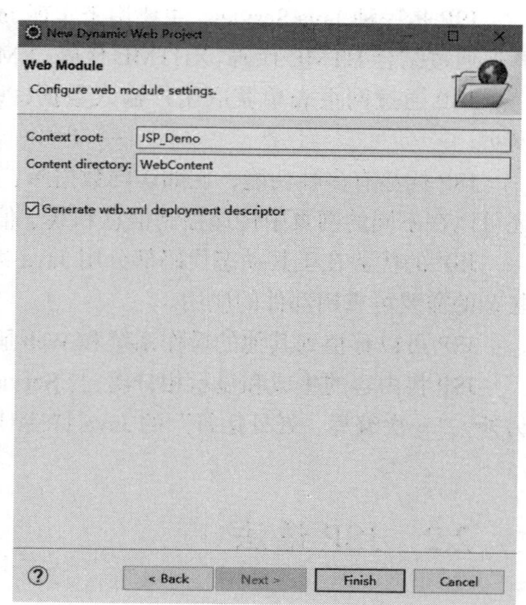

图 2.2 新建工程步骤 2

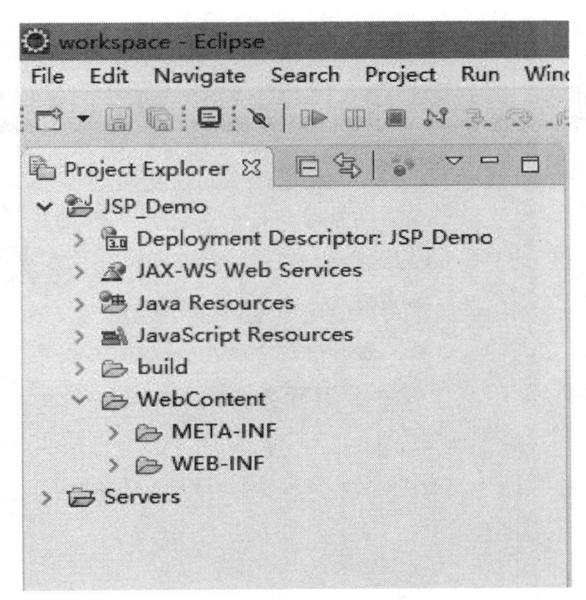

图 2.3　工程目录结构

（2）在 WebContent 目录右键菜单→“new”→“JSP File”，在弹出对话框的 File name 输入框输入 index.jsp，单击“Finish”按钮，在 index.jsp 页面中将所有的 ISO-8859-1 全部修改为 UTF-8。

```
<%@ page language="java" contentType="text/html; charset=UTF-8"
    pageEncoding="UTF-8"%>
<!DOCTYPE html PUBLIC"-//W3C//DTD HTML 4.01 Transitional//EN" "http://www.w3.org/TR/html4/loose.dtd">
<html>
<head>
<meta http-equiv="Content-Type" content="text/html; charset=UTF-8">
<title>JSP 页面</title>
</head>
<body>
  <%
      out.println("Hello!JSP");
  %>
</body>
</html>
```

提示：在 Eclipse 新建的 JSP 页面默认的编码是 ISO-8859-1，此编码无法正常显示汉字。在 Eclipse 中修改 JSP 页面默认编码方法如下：“Window”→“Preferences”→“Web”→JSP Files，在右侧的 Encoding 选择 ISO 10646/Unicode（UTF-8），如图 2.4 所示。

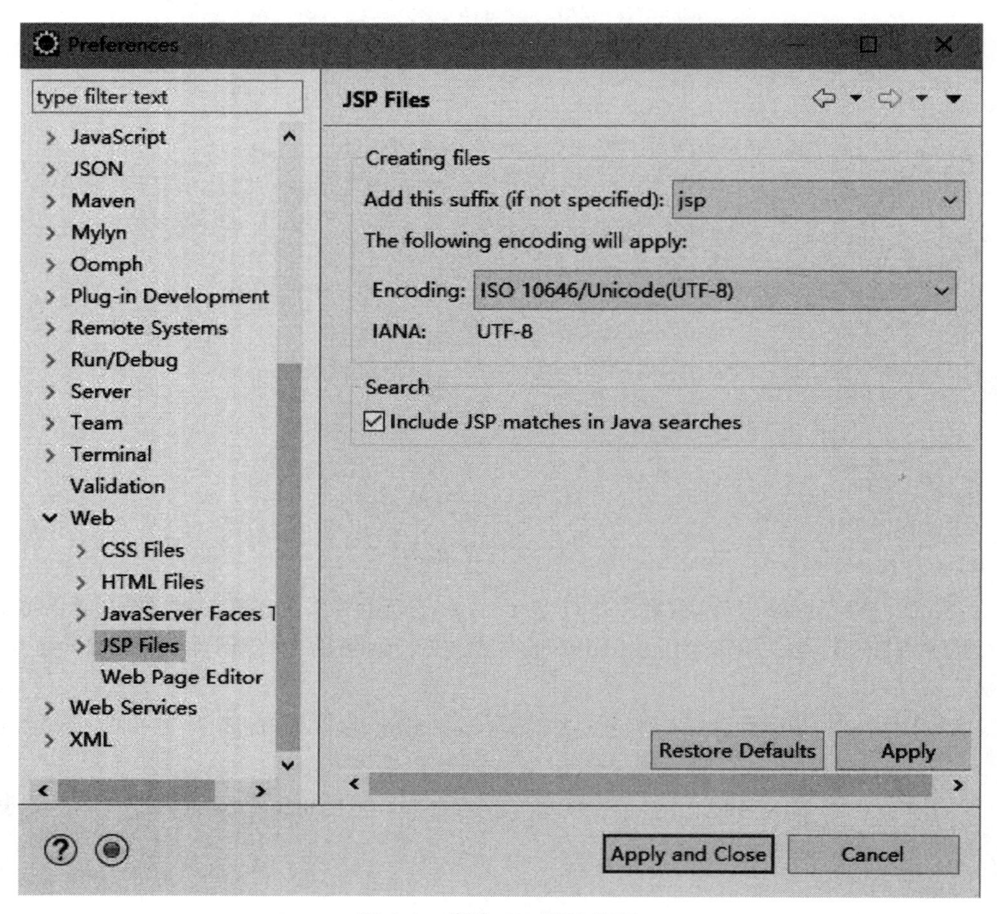

图 2.4　修改 JSP 默认编码

（3）部署并运行 Web 项目：在菜单“Window”→“Show View”→“other-Server”→“Servers”，在对话框中单击 Open。在图 2.5 中单击带下划线的蓝色字体，打开创建服务对话框，如图 2.6 所示。在对话框中选择 Tomcat 的版本（本书使用的 Tomcat 是 7.0），单击“Next”，在图 2.7 选择左边列表框的 first_servlet，单击“Add All”，然后单击“Finish”。在图 2.8 中单击 ，启动项目。

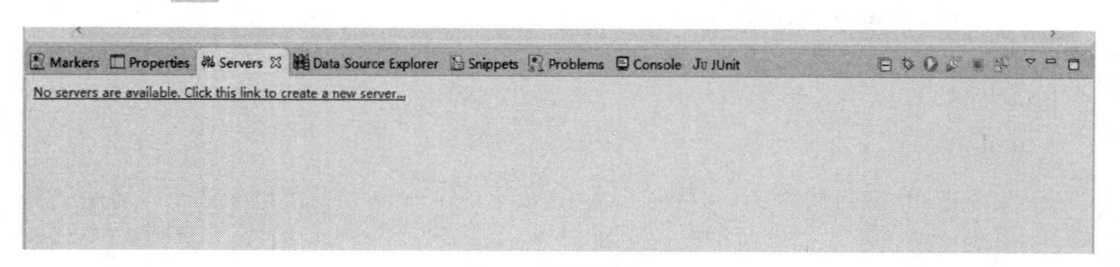

图 2.5　服务视图

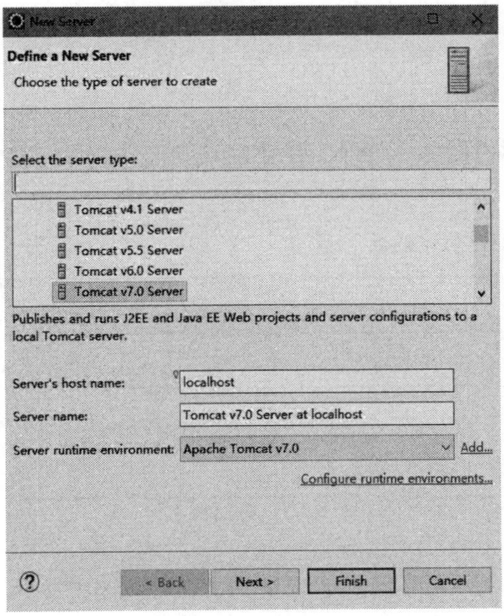

图 2.6　创建服务

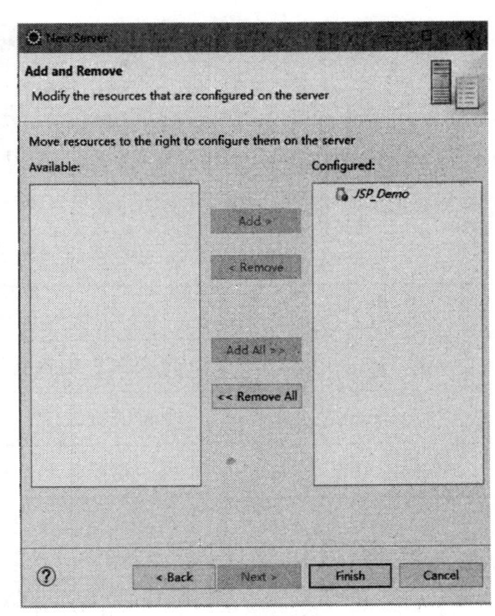

图 2.7　部署项目

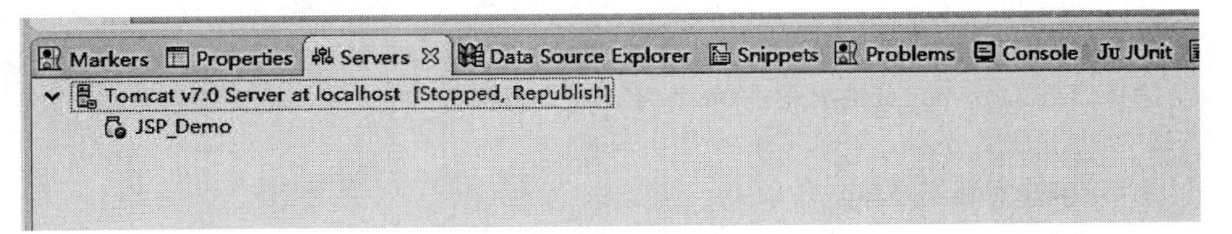

图 2.8　已部署项目

（4）在浏览器的地址栏输入：http://localhost:8080/JSP_Demo/index.jsp ，如图 2.9 所示。

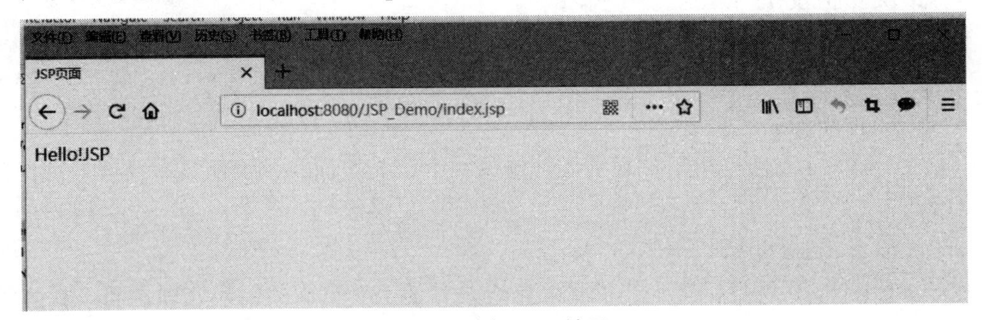

图 2.9　访问 JSP 结果

对 JSP 的访问是通过 URL 进行的，在本例中访问 JSP 的 URL 是 http://localhost:8080/JSP_Demo/index.jsp，各参数解释如下：

localhost：服务器名称，本例的 localhost 是本机地址，可以用 127.0.0.1 代替。

8080：访问服务器的端口号，在 Tomcat 的 server.xml 文件中可以修改，默认是 8080。

/JSP_Demo：是 Web 项目的 Context root URL，在 Tomcat 的 server.xml 文件配置。

index.jsp：是 JSP 页面的文件名称。

2.2.1 JSP 指令元素

JSP 指令提供了有关 JSP 页面到 JSP 引擎的信息。指令的类型有 page、include 和 taglib，以<%@开始，并用%>结束。指令可以有很多个属性，它们以键值对的形式存在，并用逗号隔开。JSP 中的 3 种指令标签如表 2.1 所示。

表 2.1 JSP 的 3 种指令标签

指令	描述
<%@ page ... %>	定义网页依赖属性，比如脚本语言、error 页面、缓存需求等
<%@ include ...%>	包含其他文件
<%@ taglib ... %>	引入标签库的定义

1. page 指令

page 指令为容器提供当前页面的使用说明。一个 JSP 页面可以包含多个 page 指令。

page 指令的语法格式：<%@ page attribute="value" %>，各属性值如下：

（1）buffer 属性：buffer 属性给出了输出缓冲区的最小大小，然后把内容发送给客户端，缺省值是 8 kb。buffer 的大小被 out 对象用于处理执行后的 JSP 对客户端浏览器的输出缓冲。如果设置为 none，表示不使用缓冲。例如：

<%@ page buffer="32kb" %>

（2）import 属性：用于把 Java 类导入 JSP 页面，在一个页面中可以出现多次。例如：

<%@ page import="java.util.*， java.io.*" %>

<%@ page import="java.sql.* " %>

（3）session 属性：值可以是 true 或 false。它指定页面是否应该参与 HttpSession。默认值是 true。如果设置为 false，那么页面代码中就不能使用 session 对象。例如：

<%@ page session="false" %>

（4）errorPage 属性：用于把异常委托给另一个 JSP 页面，该页面具有错误处理代码。代码：

<%@ page errorPage="/error.jsp" %>

（5）isErrorPage 属性：指定当前页面是否是其他 JSP 页面的错误处理页面。默认值是 false，如果值为 true，那么该页面就可以使用 exception 内置对象。例如：

<%@ page isErrorPage="true" %>

（6）language 属性：指定 JSP 页面使用的语言，默认值是“java”。例如：

<%@ page language="java" %>

（7）extends 属性：指定了 JSP 页面生成的 Servlet 类的父类。该属性的默认值是由供应商特定的。例如:

<%@ page extends="mypackage.MyClass" %>

（8）autoFlush 属性：autoFlush 属性指定了一旦缓冲区已满，是否应该把缓冲区中的数据发送给客户端。默认值是 true，即如果 buffer 溢出，仍需要强制输出；如果设置为 false，那么如果这个 buffer 溢出，就会导致一个意外错误的发生。显然，如果把 buffer 设置为 none，那么你就不能把 autoFlush 设置为 false。例如：

```
<%@ page autoFlush="false" %>
```

（9）isThreadSafe 属性: isThreadSafe 属性用来设置 JSP 文件能否支持多线程使用。默认为 true，也就是说，JSP 能够同时处理多个用户的请求；如果是 false，那么一个 JSP 只能一次处理一个请求。例如：

```
<%@ page isThreadSafe="false" %>
```

（10）contentType 属性：设置 MIME 类型。缺省 MIME 类型是 text/html，缺省字符集为 ISO-8859-1。对于显示中文的文件或是页面来说，一般声明为如下：

```
<%@ page contentType="text/html;charset=UTF-8" %>
```

（11）isELIgnored 属性：在 JSP2.0 中可以使用表达式语言。如果为 true，则服务器解析表达式语言，否则忽略。对于 Servlet2.3 及以前版本无此属性，对 Servlet2.4 及以后版本默认为 true。例如：

```
<%@ page isELIgnored="true"%>
```

（12）pageEncoding 属性：该属性表明 JSP 页面使用的编码方式，与 contentType 中声明相似，默认为：ISO-8859-1。

2. JSP 包含指令 include

JSP 中的包含指令可以在 JSP 中引入一个静态的文件，同时解析这个文件中的 JSP 语句。语法格式如下：<%@ include file= “relativeURL” %>，relativeURL 表示需要包含文件的相对路径。当查看运行时的源代码时，可以看到实际上只是将被包含文件所执行的结果，插入到了 JSP 文件中<%@include%>所处的位置。这个被包含文件可以是 HTML 文件、JSP 文件、文本文件或者是一段 Java 代码。但是要注意的是，在这个包含文件中最好不要包含 <html> </html>，<body> </body>标记，因为原 JSP 文件中已经存在同样的标记，有时候会导致错误的发生。

【例 2.2】包含指令示例。

（1）在 WebContent 目录下新建一个 content.jsp 文件，在 content.jsp 文件中定义一个 DIV 标签，通过行内样式设置 DIV 宽度、高度及背景色，在 index.jsp 通过包含指令引入 content.jsp。

index.jsp 文件内容：

```
<%@ page language="java" contentType="text/html; charset=UTF-8"
    pageEncoding="UTF-8"%>
<!DOCTYPE html PUBLIC "-//W3C//DTD HTML 4.01 Transitional//EN"
"http://www.w3.org/TR/html4/loose.dtd">
<html>
```

```
<head>
<meta http-equiv="Content-Type" content="text/html; charset=UTF-8">
<title>JSP 页面</title>
</head>
<body>
    <%@include file="content.jsp" %>
</body>
</html>
```

content.jsp 内容：

```
<%@ page language="java" contentType="text/html; charset=UTF-8"
    pageEncoding="UTF-8"%>
<div style="width:400px;height:300px;background-color:blue;"></div>
```

（2）启动 Tomcat，在浏览器的地址栏输入 http://localhost:8080/JSP_Demo/index.jsp ，如图 2.10 所示。

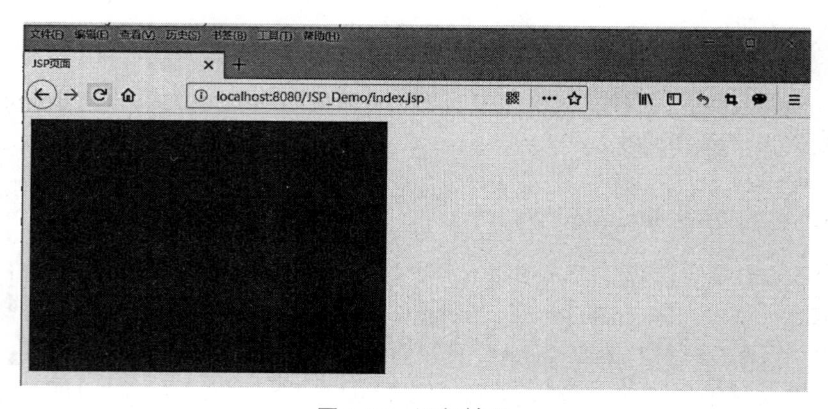

图 2.10 运行结果

3. Taglib 指令

JSP API 允许用户自定义标签，一个自定义标签库就是自定义标签的集合。Taglib 指令引入一个自定义标签集合的定义，包括库路径、自定义标签。Taglib 指令的语法如下：

```
<%@ taglib uri="uri" prefix="prefixOfTag" %>
```

uri 属性确定标签库的位置，prefix 属性指定标签库的前缀。

2.2.2 脚本元素

1. 注 释

注释主要有两种：HTML 注释和 JSP 注释。

HTML 注释生成在客户端的源代码中，但是不显示在浏览器中。

JSP 注释也叫服务器端的注释，是给 JSP 端的程序员看的，不但不会被服务器执行，也不会在客户端查看源代码时显示。

两种注释的语法规则如表 2.2 所示。

表 2.2　不同情况下使用注释的语法规则

语法	描述
<%-- 注释 --%>	JSP 注释，注释内容不会被发送至浏览器甚至不会被编译
<!-- 注释 -->	HTML 注释，通过浏览器查看网页源代码时可以看见注释内容

【例 2.3】注释例子。

（1）在 WebContent 目录下新建 annotation.jsp，annotation.jsp 的内容如下所示。

```
<%@ page language="java" contentType="text/html; charset=UTF-8"
    pageEncoding="UTF-8"%>
<!DOCTYPE html>
<html>
<head>
<meta http-equiv="Content-Type" content="text/html; charset=UTF-8">
<title>注释</title>
</head>
<body>
  <!-- 这是 HTML 注释 -->
  <%-- 以下程序是求两个数之和--%>
  <%
      int x = 2;
      int y = 4;
      int result = x + y;
      out.write("x+y="+result);
      %>
      </body>
      </html>
```

（2）启动 Tomcat，在浏览器输入 http://localhost:8080/JSP_Demo/annotation.jsp，运行结果如图 2.11 所示。

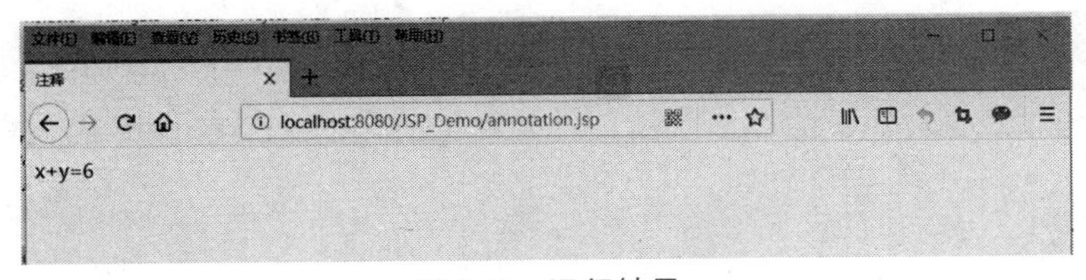

图 2.11　运行结果

2. JSP 声明

JSP 声明主要是定义 JSP 需要的变量和方法。其过程就如同在普通的 Java 类中声明一样。但是由于要嵌入到 HTML 文件代码中，为了让 Web 服务器能够区分需要解析的 Java 代码，我们需要将变量和方法的声明加到一个特殊的标识中。

要添加一个声明，必须使用“<%! %>”标签对来封闭声明，以<%! 开始，并以%> 结束。例如：

在访问 JSP 时，JSP 会生成对应的 Java 源文件以及.class 文件，所以在 JSP 中声明的变量对应在生成的 Java 源文件中是类的成员变量的声明。例如：declare.jsp 文件内容如下：

```
<%@ page language="java" contentType="text/html; charset=UTF-8"
    pageEncoding="UTF-8"%>
<!DOCTYPE html>
<html>
<head>
<meta http-equiv="Content-Type" content="text/html; charset=UTF-8">
<title>JSP 声明</title>
</head>
<body>
  <%!private int i = 0; %>
  <%!int a,b,c; %>
  <%!public void fun(){
    System.out.println("fun");
    }
  %>
</body>
</html>
```

对应的 Java 源文件的内容如下所示：

```
    public final class declare_jsp extends org.apache.jasper.runtime.HttpJspBase implements org.apache.jasper.runtime.JspSourceDependent {
    private int i=0;
    int a,b,c;

    public void fun(){
        System.out.println("fun");
    }
    ……
}
```

3. JSP 脚本程序

脚本程序可以包含任意数量的 Java 语句、变量、方法或表达式，脚本程序的语法格式：<% 代码片段%>

任何文本、HTML 标签、JSP 元素必须写在脚本程序的外面。脚本程序中的 Java 代码将会生成在所对应的 Servlet 中的 jspService ( ) 方法体内，由 Servlet 的 service ( ) 方法调用。在例 2.3 中求变量 x 与变量 y 的和就属于 JSP 脚本程序。

4. JSP 表达式

JSP 表达式是访问 JSP 页面时要计算的 Java 表达式，其值在 HTML 页面中输出。JSP 表达式是在 “<%= ... %>” 标签中，不包括分号，例如：<%= count%> 等同于在 jspService ( ) 方法中调用 out.println (count)，表达式输出变量 count 的值。换句话说，就是要把动态的 Java 变量输出到浏览器。注意没有分号。因为它最终不会生成一条 Java 语句，而只是输出流中的一个参数。表达式在请求处理过程中，如果是基本数据类型变量，就直接输出；如果是引用类型的对象，则调用对象的 toString ( ) 方法输出。另外在表达式中也可以使用在 JSP 声明中定义的变量和方法。

【例 2.4】在 JSP 脚本程序中定义一个数组，通过 JSP 表达式将数组的元素以下拉列表的方式输出到浏览器。

(1) 在 WebContent 目录下新建 expression.jsp，其内容如下所示。

```
<%@ page language="java" contentType="text/html; charset=UTF-8"
    pageEncoding="UTF-8"%>
<!DOCTYPE html>
<html>
<head>
<meta http-equiv="Content-Type" content="text/html; charset=UTF-8">
<title>JSP 表达式</title>
</head>
<body>
    <%
        String [] countries = new String[]{"中国","美国","日本","韩国","朝鲜"};
    %>
     国家:
    <select>
      <%
        for(String country:countries){
      %>
        <option value="<%=country%>"><%=country%></option>
      <%
```

```
            }
        %>
    </select>
</body>
</html>
```

（2）启动 Tomcat，在浏览器地址栏输入 http://localhost:8080/JSP_Demo/expression.jsp，运行结果如图 2.12 所示。

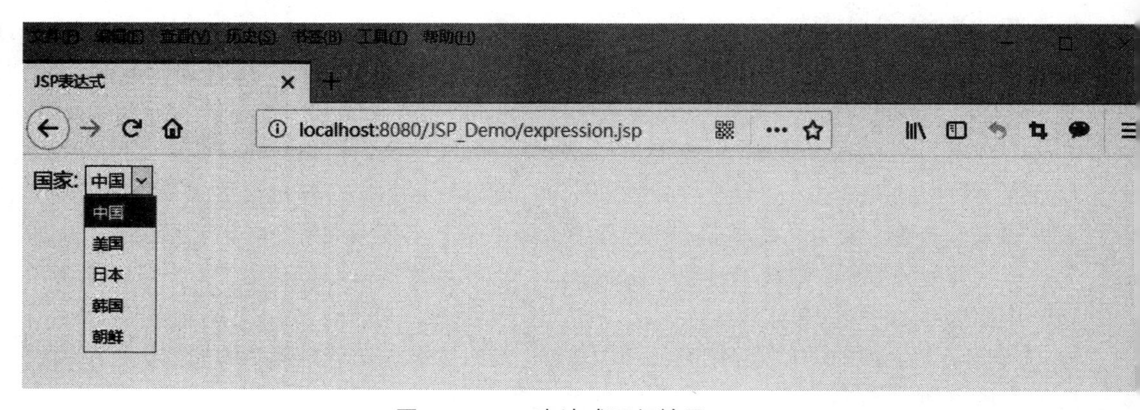

图 2.12 JSP 表达式运行结果

2.2.3 动作指令

与 JSP 指令元素不同的是，JSP 动作元素在请求处理阶段起作用。JSP 动作元素是用 XML 语法写成的。利用 JSP 动作可以动态地插入文件，重用 JavaBean 组件，把用户重定向到另外的页面，为 Java 插件生成 HTML 代码。

1. <jsp:include>

include 动作用于在 JSP 页面中包含其他的动态或是静态资源，一般称为动态包含。使用规则如下：

```
<jsp:include page="relativeURL" flush="true|false"/>
```

其中，page 属性是必须的，表示需要包含的页面资源路径；flush 属性可选，表示在引入其他资源前是否将当前页面的输出流中的内容输出，并清空缓冲区。默认为 false。

通过<jsp:include>动作包含进来的资源和通过 include 指令<%@include file= ""%>包含进来的资源工作原理不一样，主要区别如下：

（1）include 指令包含的内容会在 JSP 页面翻译阶段被替换到所包含的 JSP 页面中。

（2）include 动作中，包含的资源是在请求处理阶段被添加到当前页面的响应输出流中，也就是说包含的资源是作为被执行以后的输出信息被添加到当前页。

【例 2.5】新建两个页面 date.jsp 和 main.jsp，在 main.jap 中动作包含 date.jsp 页面，显示日期。

（1）在 WebContent 目录下新建 **date.jsp** 和 **main.jsp**，其内容分别如下所示。

date.jsp 内容如下：

```
<%@ page language="java" contentType="text/html; charset=UTF-8"
      pageEncoding="UTF-8"%>
<p>
   今天是: <%= (new java.util.Date()).toLocaleString()%>
</p>
```

main.jsp 内容如下：

```
<%@ page language="java" contentType="text/html; charset=UTF-8"
      pageEncoding="UTF-8"%>
<!DOCTYPE html>
<html>
<head>
<meta charset="utf-8">
<title>JSP 动作指令-include</title>
</head>
<body>
<h2>include 动作实例</h2>
  <jsp:include page="date.jsp" flush="true" />
</body>
</html>
```

（2）启动 Tomcat，在浏览器地址栏输入 http://localhost:8080/JSP_Demo/main.jsp，运行结果如图 2.13 所示。

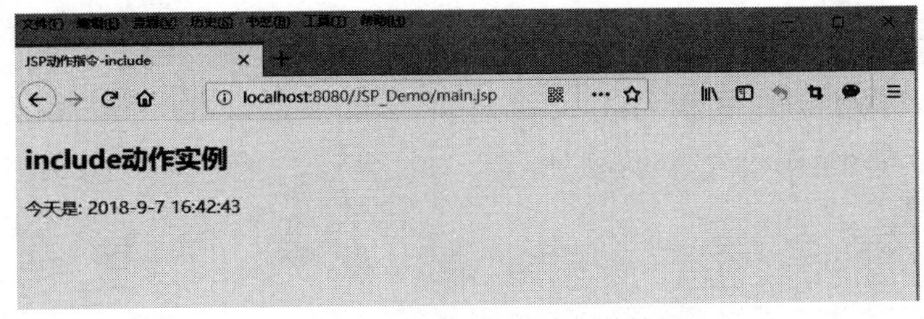

图 2.13　include 动作指令运行结果

下面以上述例子说明指令包含和动作包含的区别：

访问 main.jsp 时，在执行到<jsp:include>标签时，JSP 引擎会首先处理 date.jsp 页面，即将 date.jsp 转换成 Servlet 代码，然后执行。在 date.jsp 页面显示结果只有“今天是：2018-9-7 16:42:43”，所以此时“今天是：2018-9-7 16:42:43”被加到 main.jsp 输出流中，接下来继续执行 main.jsp 中余下的代码。

如果将 include 动作换成 include 指令包含<%@ include file= "date.jsp"%>，对于页面的显示没有区别，但在处理的时候不同。date.jsp 文件中的<%=（ new java.util.Date（））.toLocaleString（ ）%>将直接会被加到 main.jsp 文件当中，替代<%@ include file= "date.jsp"%>位置，中间不会对 date.jsp 进行单独编译和执行。

通过<jsp:include>动作包含的文件，Web 服务器将会根据包含的文件个数，生成多个相对应的 Servlet 文件。而通过<%@ include file="date.jsp"%>指令包含的文件，无论包含的文件个数多少，服务器编译时只会生成一个目标 Servlet 类。

另外，由于 include 指令包含的页面是在编译阶段导入的，所以不能在此指令中使用 JSP 表达式，例如<%@include file="<%=expression%>"%>是不能被正确执行的。但是使用<jsp:include>动作则没有这个限制。

2. <jsp:forward/>

在 JSP 中如果需要将请求转发到其他的 Web 组件，则可以使用下列标签：<jsp:forward page="relativeURL"/>，page 属性包含的是一个相对 URL。page 的值既可以直接给出，也可以在请求的时候动态计算，可以是一个 JSP 页面或者一个 Java Servlet。

【例 2.6】将例 2.5 中 main.jsp 的包含指令替换为<jsp:forward page="date.jsp"/>，

然后在浏览器地址栏输入 http://localhost:8080/JSP_Demo/main.jsp，运行结果如图 2.14 所示。

```
<%@ page language="java" contentType="text/html; charset=UTF-8"
    pageEncoding="UTF-8"%>
<!DOCTYPE html >
<html>
<head>
<meta http-equiv="Content-Type" content="text/html; charset=UTF-8">
<title>JSP 动作指令-forward</title>
</head>
<body>
   <h2>forward 动作实例</h2>
   <jsp:forward page="date.jsp"/>
</body>
</html>
```

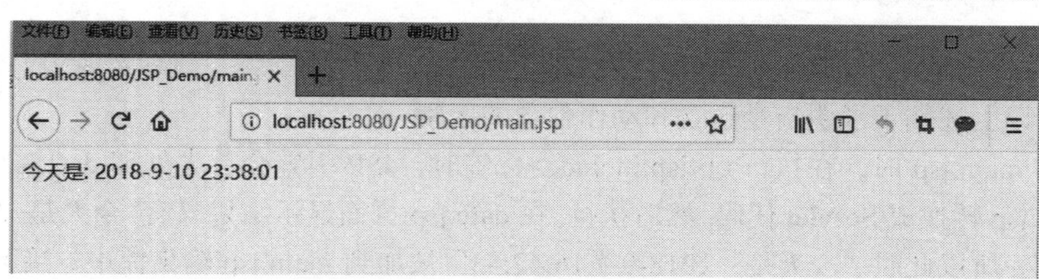

图 2.14　forward 指令运行结果

3. <jsp:param/>

<jsp:param/>标签只能用在<jsp:include/>与<jsp:forward/>标签内部，用来向包含的文件或者转向的资源传递参数。例如：

表示向 test.jsp 传递名为 username，值为 john 参数。在包含或是转发的页面当中可以通过 request.getParameter（"username"）；方法获取它的对应的值。

```
<jsp:include page="test.jsp">
    <jsp:param name="username" value="john"/>
</jsp:include>
```

2.2.4　JSP 内置对象

JSP 文件最终会被编译成一个 Java 类，JSP 编译成的类存放的路径为：Java 工程路径\.metadata\.plugins\org.eclipse.wst.server.core\tmp0\work\Catalina\localhost\ 工 程 名 称\org\apache\jsp\jsp 文件名称_jsp.java。每个 JSP 文件转换成相应的类里面都有一个_jspService（ ）方法，_jspService（ ）方法部分代码如下所示。

```
public void _jspService(final javax.servlet.http.HttpServletRequest request, final javax.servlet.http.HttpServletResponse response)
        throws java.io.IOException, javax.servlet.ServletException {
final javax.servlet.jsp.PageContext pageContext;
    javax.servlet.http.HttpSession session = null;
    final javax.servlet.ServletContext application;
    final javax.servlet.ServletConfig config;
    javax.servlet.jsp.JspWriter out = null;
    final java.lang.Object page = this;
    javax.servlet.jsp.JspWriter _jspx_out = null;
javax.servlet.jsp.PageContext _jspx_page_context = null;
…
```

由于 JSP 中的脚本代码以及表达式都会被生成在该方法中，所以在该方法中声明的这些变量在 JSP 脚本以及表达式中都可以直接使用，无须再声明，从而使程序开发者摆脱了很多繁琐的工作。这些对象也被称为 JSP 内置对象，主要包括：request，response，session，application，config，page，pageContext，out 等。下面重点介绍编程中经常使用的一些内置对象。

1. request 对象

request 对象是 javax.servlet.http.HttpServletRequest 类的实例。每当客户端请求一个 JSP 页面时，JSP 引擎就会生成一个新的 request 对象来代表这个请求。request 对象提供了一系列方法来获取 HTTP 头信息，cookies，HTTP 方法等，表 2.3 列出了 request 对象常用方法。

表 2.3 request 对象常用方法

方法	功能说明
String getHeader（String headerName）	根据 HTTP 协议定义的头获取头信息
Enumeration<String> getHeaderNames（）	返回所有 request header 的名字，结果集是一个枚举类型的实例
Object getAttribute（String name）	返回 name 指定的属性值，若不存在，就返回空值（null）
void setAttribute（String name，Object o）	设置指定属性的值
String getMethod（）	获得客户端向服务器端传送数据的方法，有 GET、POST、PUT 等类型
String getParameter（String name）	获得客户端传送给服务器端的参数值，该参数由 name 指定
Enumeration<String> getParameterNames（）	获得客户端传送给服务器端的所有的参数名，结果是一个枚举类型的实例
String [] getParameterValues（String name）	获得指定参数所有值
String getRequestURL（）	获得请求的 URL 地址

【例 2.7】利用 request 对象获取请求的头信息。

（1）在 WebContent 目录下新建 printHeader.jsp 页面，页面内容如下所示：

```
<%@ page language= "java" contentType= "text/html; charset=UTF-8"
    import= "java.util.*"
    pageEncoding= "UTF-8"%>
<!DOCTYPE html>
<html>
<head>
<meta http-equiv= "Content-Type" content= "text/html; charset=UTF-8">
<title>利用 request 对象获取请求头信息</title>
</head>
<body>
    <%
        //获取所有请求的头信息名称
        Enumeration<String> headerNames = request.getHeaderNames();
        //迭代遍历所有头名称
        while(headerNames.hasMoreElements()){
            //获取头名称
         String headerName = headerNames.nextElement();
            //获取头信息对应的值
         String headerValue = request.getHeader(headerName);
```

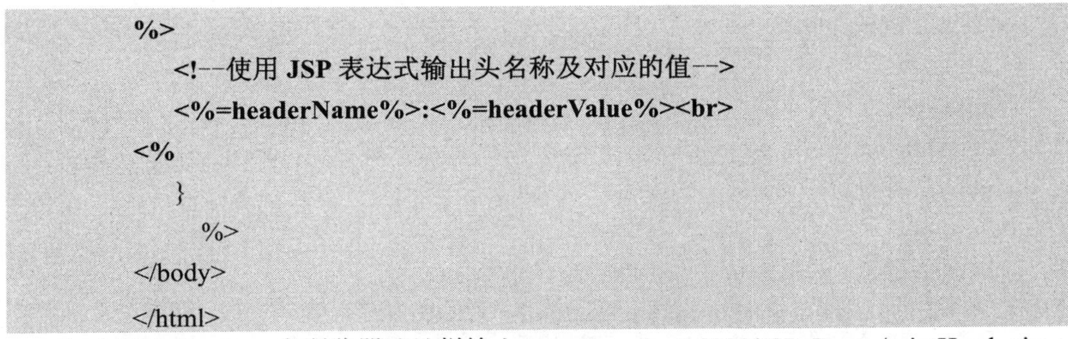

```
%>
    <!--使用 JSP 表达式输出头名称及对应的值-->
    <%=headerName%>:<%=headerValue%><br>
<%
    }
      %>
</body>
</html>
```

（2）启动 Tomcat，在浏览器地址栏输入 http://localhost:8080/JSP_Demo/printHeader.jsp，运行结果如图 2.15 所示。

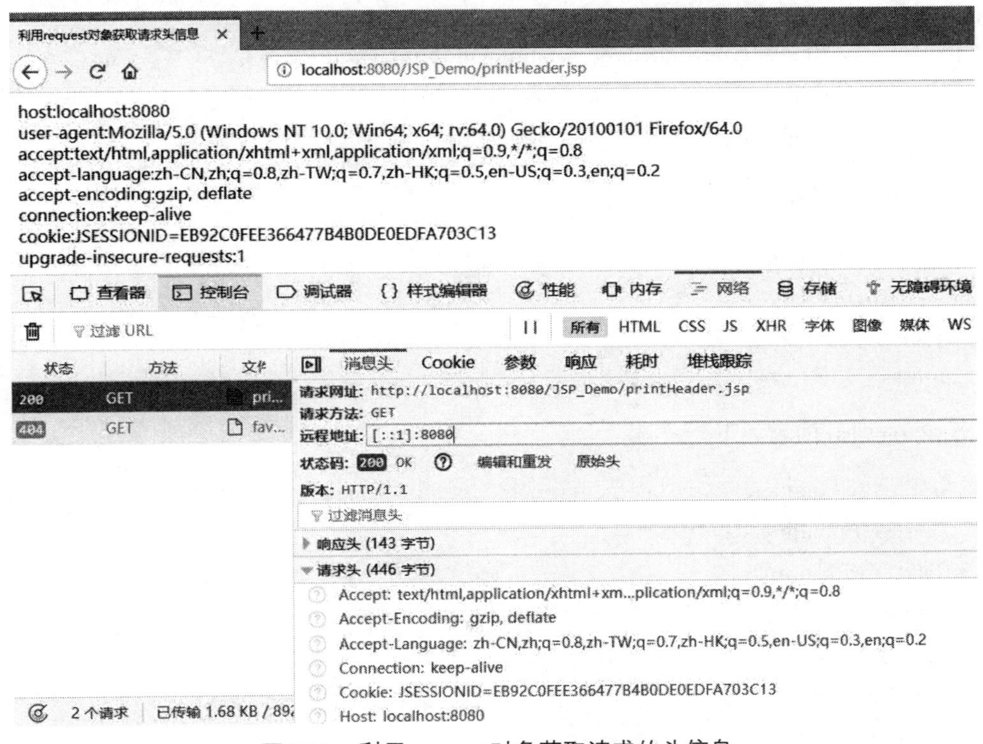

图 2.15　利用 request 对象获取请求的头信息

说明：首先通过调用 request 对象的 getHeaderNames（ ）方法得到所有请求头名称；其次通过迭代遍历，通过 getHeader（headerName）方法获得请求头名称对应的值，最后利用 JSP 表达式把请求头以及对应的值输出到浏览器。

【例 2.8】调查问卷。

（1）在 WebContent 目录下新建 questionnaire.jsp 和 getParam.jsp 页面。

questionnaire.jsp 内容如下：

```
<%@ page language= "java" contentType="text/html; charset=UTF-8"
    pageEncoding= "UTF-8"%>
```

```
<!DOCTYPE html>
<html>
<head>
<meta http-equiv= "Content-Type" content= "text/html; charset=UTF-8">
<title>调查问卷</title>
</head>
<body>
    <form action="getParam.jsp" method= "GET" >
        姓名:<input type="text" name= "name" required><br>
        年龄:<input type="number" name="age" required><br>
        爱好:<br>
        <input type="checkbox" name="hobby" value="1">足球
        <input type="checkbox" name="hobby" value="2">篮球
        <input type="checkbox" name="hobby" value="3">羽毛球
        <input type="checkbox" name="hobby" value="4">排球
        <br>
        <input type="submit" value="提交">
    </form>
</body>
</html>
```

getParam.jsp 内容如下:

```
<%@ page language="java" contentType="text/html; charset=UTF-8"
    pageEncoding="UTF-8"%>
<!DOCTYPE html>
<html>
<head>
<meta http-equiv="Content-Type" content="text/html; charset=UTF-8">
<title>问卷调查数据处理</title>
</head>
<body>
    <%!
        private static final String []HOBBIES ={"","足球","篮球","羽毛球", "排球"};
    %>
    <%
        String name = request.getParameter("name");
        String age = request.getParameter("age");
```

```
        String []hobbies = request.getParameterValues("hobby");
    %>
        姓名:<%=name%><br>
        年龄:<%=age%><br>
        爱好:
    <%
        if(hobbies != null){
            for(String hobby:hobbies){
                int hobbyInt = Integer.parseInt(hobby);
    %>
        <%=HOBBIES[hobbyInt]%> 
    <%
            }
        }
    %>
  </body>
  </html>
```

（2）启动 tomcat，在浏览器地址栏输入 http://localhost:8080/JSP_Demo/ questionnaire.jsp，运行结果如图 2.16 所示。

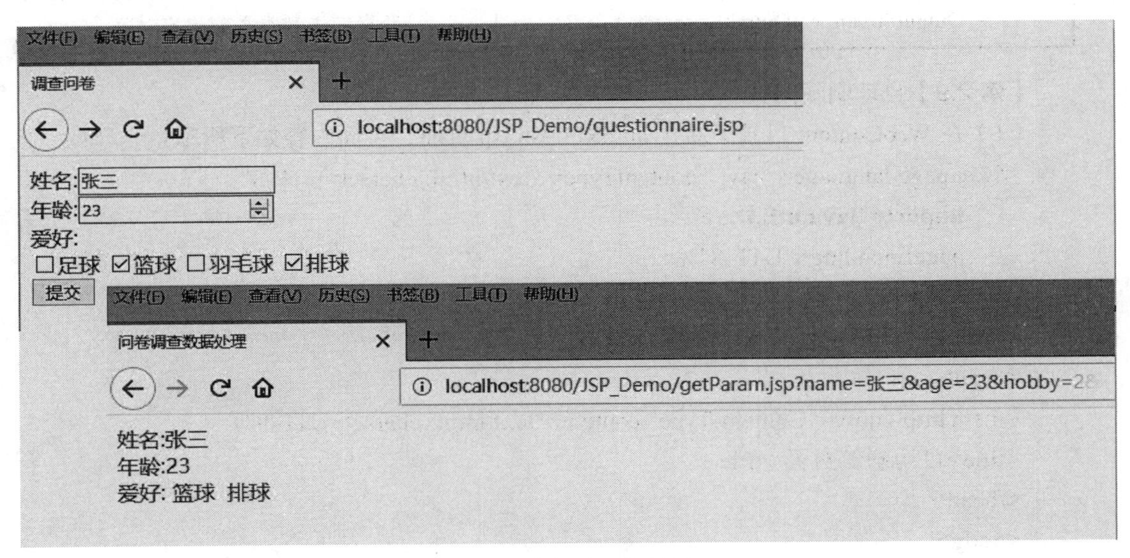

图 2.16　调查问卷运行结果

程序说明：

在 questionnaire.jsp 页面中，form 的属性 action 的值设置为 getParam.jsp 页面，当点击“提交”按钮时，form 标签里面的参数传递给 getParam.jsp 页面。在 getParam.jsp 页面通过

调用内置 request 对象的 getParameter（ ）方法类获取被调查者的姓名、年龄，对于多值参数（如本例中的 checkbox），则调用 getParameterValues（ ）方法来返回一个包含所有参数值的数组。在 getParam.jsp 页面中要判断 hobbies 值是否为空，如果在 questionnaire.jsp 中没有选中任何爱好，则 hobbies 变量值为空，如果不判断则会出现空指针异常，程序最后使用 JSP 表达式输出变量的值。

2. response 对象

response 对象是 javax.servlet.http.HttpServletResponse 类的实例。当服务器创建 request 对象时会同时创建用于响应客户端的 response 对象。response 对象用于将服务器数据发送到客户端以响应客户端的请求。可以通过 response 对象来组织发送到客户端的信息，如 Cookie、HTTP 文件头信息等。但是由于组织方式比较底层，所以不建议一般程序开发人员使用，需要向客户端发送文字时直接使用 out 对象即可。response 对象的常用方法如表 2.4 所示。

表 2.4 response 对象常用方法

方法	功能说明
void setHeader（String name， String value）	设置 HTTP 应答报文的首部字段和值
void setContentType（String contentType）	设置响应数据内容的类型
void sendRedirect（String redirectURL）	将客户端重定向到指定的 URL
OutputStream getOutputStream（ ）	获取二进制类型的输出对象

【例 2.9】自动刷新网页。

（1）在 WebContent 目录下新建 autoRefresh.jsp 页面，页面内容如下所示：

```
<%@ page language= "java" contentType= "text/html; charset=UTF-8"
    import="java.util.Date"
    pageEncoding="UTF-8"%>
<!DOCTYPE html>
<html>
<head>
<meta http-equiv="Content-Type" content="text/html; charset=UTF-8">
<title>自动刷新网页</title>
</head>
<body>
   <%
     response.setHeader("refresh","1");
   %>
   当前日期是:<%=new Date().toLocaleString() %>
```

```
</body>
</html>
```

（2）启动 Tomcat，在浏览器输入 http://localhost:8080/JSP_Demo/autoRefresh.jsp，运行结果如图 2.17 所示。

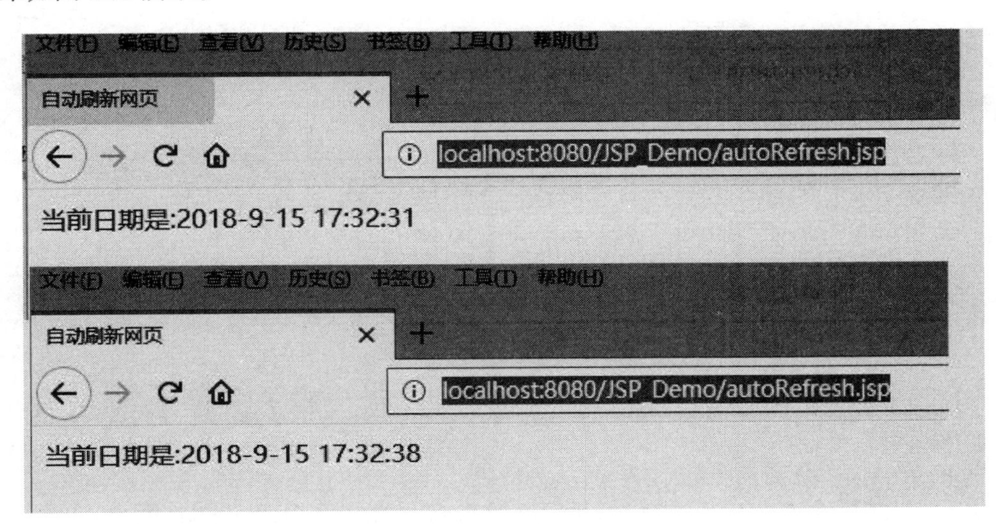

图 2.17　自动刷新页面

程序说明：

使用 response 对象的 setHeader（ ）方法设置网页自动刷新，方法的第一个参数代表头名称，第二个参数 1 代表是每隔多少秒自动刷新页面，打开网页后看到每隔一秒自动刷新页面，实时显示当前时间。

【例 2.10】定时跳转到网页。

（1）在 WebContent 目录下新建 autoSend.jsp 页面，页面内容如下所示：

```
<%@ page language="java" contentType="text/html; charset=UTF-8"
    pageEncoding="UTF-8"%>
<!DOCTYPE html>
<html>
<head>
<meta http-equiv="Content-Type" content="text/html; charset=UTF-8">
<title>自动跳转页面</title>
</head>
<body>
  <% response.setHeader("refresh","5;URL=http://www.baidu.com");%>
</body>
</html>
```

（2）启动 Tomcat，在浏览器输入 http://localhost:8080/JSP_Demo/autoSend.jsp，等待 5 s

之后，页面自动跳转到百度页面。

【例 2.11】重定向网页。

（1）在 WebContent 目录下新建 redirect.jsp，页面内容如下：

redirect.jsp 页面内容

```
<%@ page language="java" contentType="text/html; charset=UTF-8"
    pageEncoding="UTF-8"%>
<!DOCTYPE html>
<html>
<head>
<meta http-equiv="Content-Type" content="text/html; charset=UTF-8">
<title>自动跳转页面</title>
</head>
<body>
  <% response.setHeader("refresh", "5;URL=http://www.baidu.com");%>
</body>
</html>
```

（2）启动 Tomcat，在浏览器输入 http://localhost:8080/JSP_Demo/redirect.jsp，页面自动重定向到百度页面。

3. session 对象

session 表示客户端与服务器的一次会话，Web 中的 session 指的是用户在浏览某个网站时，从进入网站到浏览器关闭所经过的这段时间，也就是用户浏览这个网站所花费的时间。session 实际上是一个特定的时间概念，在服务器的内存当中保存着不同用户的 session，session 和用户是一一对应的。session 对象在第一个 JSP 页面被装载时自动创建，完成会话期管理。从客户端打开浏览器并连接到服务器开始，到客户端关闭浏览器离开这个服务器结束，这个过程被称为一个会话。当一个客户访问一个服务器，可能会在服务器的几个页面之间切换，服务器应当通过某种办法知道这是同一个客户，就需要 session 对象。

session 的生命周期包括三个阶段：创建、活动、销毁。

1）创　建

当客户端第一次访问某个 JSP 或者 Servlet 的时候，服务器会为当前会话创建一个 sessionId，每次客户端向服务器发送请求时，都会将此 sessionId 携带过去，服务端会对此 sessionId 进行校验。

2）活　动

某次会话当中通过超链接打开的新页面属于同一次会话。只要当前页面没有全部关闭，重新打开新的浏览器窗口访问同一项目资源都属于同一次会话。本次会话的所有页面都关闭后再重新访问某个 JSP 将会创建新的会话。注意事项：原有会话的 sessionID 仍然存在服务端，只是没有任何客户端会携带它交予服务端校验。

3）销　毁

session 的销毁只有三种方式：

（1）调用了 session.invalidate（ ）方法；

（2）session 过期（超时）;

（3）服务器重新启动。

Tomcat 默认 session 超时时间为 30 s。设置 session 超时时间有两种方式：

（1）session.setMaxInactiveInterval（时间）;//单位是秒

（2）在 WebContent/WEB-INF 目录下的 web.xml 中配置，单位是分钟。

```
<session-config>
    <session-timeout>
    10
    </session-timeout>
</session-config>
```

【例 2.12】session 使用实例。

（1）在 WebContnet 目录下分别新建 login.jsp，loginControl.jsp 页面用于用户登录操作和用于判断用户名和密码是否正确。如果正确，跳转到 welcome.jsp 页面；否则跳转到 login.jsp 页面。welcome.jsp 页面首先判断用户是否登录，如果已登录显示欢迎和退出按钮，否则跳转到 login.jsp 页面。在 index.jsp 页面单击退出，则通过 logout.jsp 执行退出操作，最后跳转到 login.jsp 页面。

login.jsp 页面内容如下所示：

```
<%@ page language="java" contentType= "text/html; charset=UTF-8"
    pageEncoding= "UTF-8"%>
<!DOCTYPE html>
<html>
<head>
<meta http-equiv= "Content-Type" content= "text/html; charset=UTF-8">
<title>登陆</title>
</head>
<body>
    <form action= "loginControl.jsp" method= "post">
        用户名:<input type= "text" name= "loginName" required> <br>
        密　码:<input type= "password" name= "password" required> <br>
                <input type= "submit" value= "登录">
    </form>
</body>
</html>
```

loginControl.jsp 页面内容如下所示：

```
<%@ page language= "java" contentType= "text/html; charset=UTF-8"
    pageEncoding= "UTF-8"%>
<!DOCTYPE html>
<html>
<head>
<meta http-equiv="Content-Type" content="text/html; charset=UTF-8">
<title>登陆验证</title>
</head>
<body>
    <%
        //通过 requet 对象获取登录用户名及密码
        String loginName = request.getParameter("loginName");
        String password = request.getParameter("password");
        //判断用户名是否等于 admin,密码是否等于 123456
  if("admin".equals(loginName)&&"123456".equals(password)){
            //在页面弹出登陆成功对话框，并跳转到 index.jsp 页面
            out.println("<script>alert('登录成功！ ');
                    window.location.href='welcome.jsp'</script>");
            //将用户名保存到 session 中
            session.setAttribute("user", loginName);
            //设置会话期为 60 秒
            session.setMaxInactiveInterval(60);

        }else{
            //用户名不等于 admin 并且密码不等于 123456 则跳转到 login.jsp
            out.println( "<script>alert('登录失败！ '); window.location.
href='login.jsp'</script>");
        }
    %>
</body>
</html>
```

welcome.jsp 页面内容如下所示：

```
<%@ page language="java" contentType="text/html; charset=UTF-8"
    pageEncoding="UTF-8"%>
<!DOCTYPE html>
<html>
<head>
```

```
    <meta http-equiv= "Content-Type" content= "text/html; charset=UTF-8">
    <title>欢迎</title>
    </head>
    <body>
       <%
       if(session.getAttribute("user") == null)
       {
          out.println("<script>alert('请先登录');window.location.
href='login.jsp'</script>");
          return;
       }
       String user = (String)session.getAttribute("user");
       out.println("欢迎"+user);
      %>
      <br/>
      <form action="#" method="post">
         <button type="submit" formaction="logout.jsp">登出</button>
      </form>
    </body>
    </html>
```

logout.jsp 页面内容如下：

```
    <%@ page language="java" contentType="text/html; charset=UTF-8"
        pageEncoding="UTF-8"%>
    <!DOCTYPE html>
    <html>
    <head>
    <meta http-equiv="Content-Type" content="text/html; charset=UTF-8">
    <title>退出登录</title>
    </head>
    <body>
     <%
      session.removeAttribute("user");
      out.println("<script>window.location.href='login.jsp'</script>");
     %>
    </body>
    </html>
```

（2）启动 Tomcat，在浏览器输入 http://localhost:8080/JSP_Demo/login.jsp，程序运行结果如图 2.18 所示。

程序说明：用户不论首先访问 welcome.jsp、loginControl.jsp 或 logout.jsp 中的哪个页面，系统先判断用户是否登录，通过 **session.getAttribute（"user"） == null**，如果为 true，则表明用户没有登录，系统跳转到登录页面 login.jsp。在 login.jsp 页面中用户输入用户名和密码，单击“登录”按钮，form 表单提交到 loginControl.jsp 页面，在 loginControl.jsp 页面判断用户名是否等于 admin 并且密码等于 123456，如果相等，通过内置对象 out 向浏览器输出一段 JavaScript 程序（该程序首先在页面上弹出一个登录成功提示对话框，单击确定后，显示欢迎 admin），并将 loginName 通过 session.setAttribute（ ）方法保存到 session 中，在页面最后输出一个“登出”按钮。单击“登出”按钮，页面提交到 logout.jsp 页面，在 logout.jsp 页面通过 session 对象的 removeAttribute（ ）方法移除登录用户名，然后跳转到登录页面。

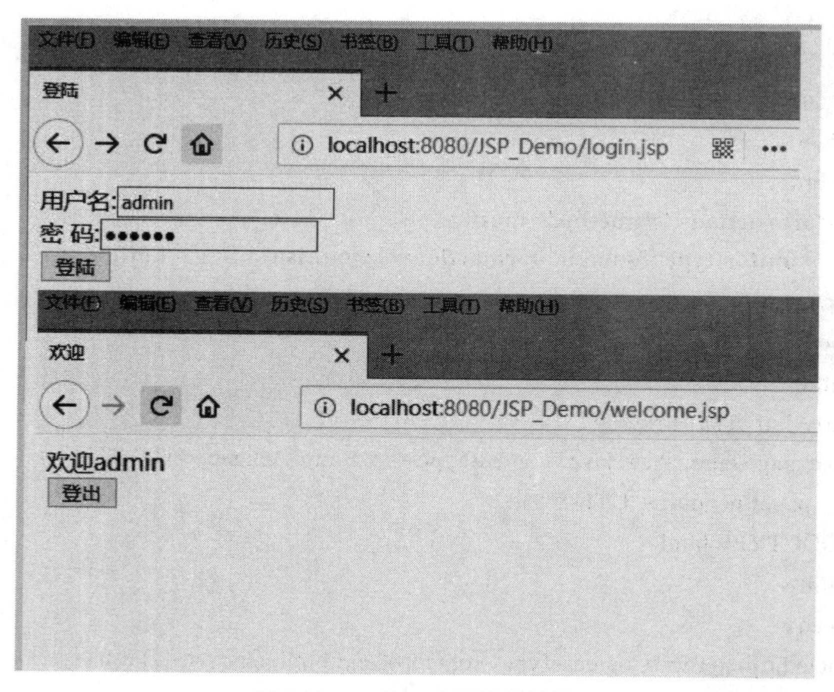

图 2.18　session 实例运行结果

4. application 对象

application 对象代表 Web 应用本身，整个 Web 应用共享一个 application 对象，该对象主要用于在多个 JSP 页面或者 Servlet 之间共享变量。Application 对象通过 setAttribute（ ）方法将一个值放入某个属性，该属性的值对整个 Web 应用有效，因此 Web 应用的每个 JSP 页面或 Servlet 都可以访问该属性，访问属性的方法为 getAttribute（ ）。

由于 application 对象在整个 Web 应用的过程中都有效，因此在 application 对象中最适合放置整个应用共享的信息。但由于 application 对象生存周期长，因此对于存储在 application 对象中的属性对象要及时清理，避免占用太多的服务器资源。

【例 2.13】网页访问计数器

（1）在 WebContent 目录下新建 count.jsp 页面，页面内容如下所示：

```
<%@ page language="java" contentType="text/html; charset=UTF-8"
    pageEncoding="UTF-8"%>
<!DOCTYPE html>
<html>
<head>
<meta http-equiv="Content-Type" content="text/html; charset=UTF-8">
<title>网页计数器</title>
</head>
<body>
        <%
          //首先判断 application 有没有 counter 属性，如果没有就赋值为 1
            if(application.getAttribute("counter") == null)
            {
                application.setAttribute("counter",1);
            }
            else
            {
                //从 application 中获取 counter 属性的值，然后 counter 自加，最后
值在放入 application 中
              int counter   = (Integer)application.getAttribute("counter");
                counter++;
                application.setAttribute("counter", counter);
            }
        %>
          您是第<%=application.getAttribute("counter") %>位访问者！
 </body>
 </html>
```

（2）启动 Tomcat，在浏览器输入 http://localhost:8080/JSP_Demo/count.jsp，程序运行结果如图 2.19 所示。

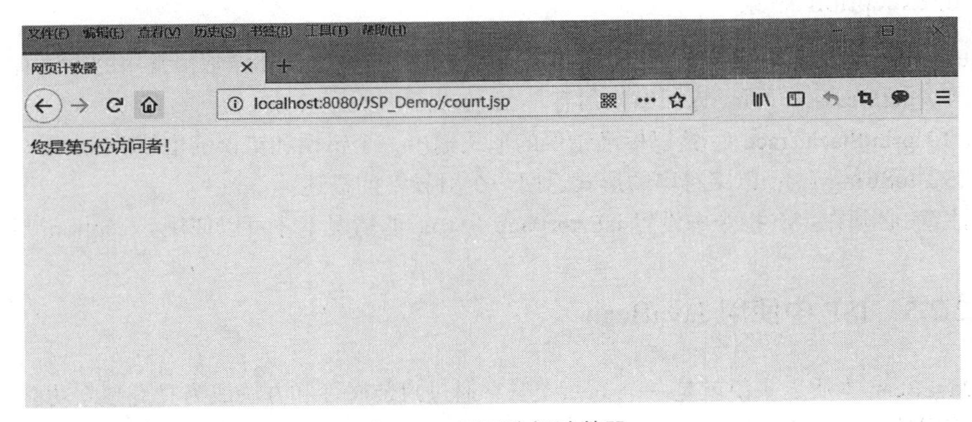

图 2.19　网页访问计数器

程序说明：

在 coun.jsp 页面中 counter++实现了每次刷新该页面时，该变量都会先自加，并被设为 application 的 counter 属性值，即每次 application 的 counter 属性值都会加 1，然后实时的将 counter 属性值输出到浏览器。

注意：application 的属性值对于整个系统的 JSP、Servlet 都是共享的，所以在其他 JSP 页面也可以通过 application 对象获取到 counter 属性值。

5. out 对象

out 对象能将特定的数据内容搭配 JSP 程序代码动态输出到客户端的浏览器。out 对象的常用方法如表 2.5 所示。

表 2.5　out 对象常用方法

功能	方法名称	方法说明
缓冲处理	clear（ ）	清除缓冲区的数据，若缓冲区是空的，则产生异常
	clearBuffer（ ）	清除缓冲区的数据，若缓冲区是空的，不会产生异常
	flush（ ）	直接将目前暂存于缓冲区中的数据输出
	getBufferSize（ ）	返回缓冲区的大小
	getRemaining（ ）	返回缓冲区剩余空间的大小
	isAutoFlush（ ）	判断是否自动输出缓冲区中的数据，返回布尔值
输出数据	newline（ ）	输出换行
	print（ ）	输出数据
	println（ ）	输出数据，自动换行

6. exception 对象

exception 对象用来处理 JSP 文件在执行时发生的所有错误和异常。常用的方法有:

（1）getMessage（ ）: 返回错误信息。

（2）printStackTrace（ ）: 以标准错误的形式输出一个错误和错误的堆栈。

（3）toString（ ）: 以字符串的形式返回一个对异常的描述。

注意：必须在 JSP 指令中设置 isErrorPage 为 true 的情况下才可以使用 exception 对象。

2.2.5　JSP 中使用 JavaBean

JavaBean 本质上来说就是一个 Java 类，它通过封装属性和方法成为具有独立功能、可重复使用的、并可以与其他控件通信的组件对象。通过在 JavaBean 中封装事务逻辑和数据库操作等，然后将 JavaBean 和 JSP 语言元素一起使用，可以很好地实现后台业务逻辑和前台表示逻辑的分离，使得 JSP 页面更加易于维护。

标准的 JavaBean 具有以下一些性质：

（1）提供一个默认的无参构造函数；

（2）需要被序列化并且实现了 Serializable 接口；

（3）可能有一系列可读写属性；

（4）可能有一系列的"getter"或"setter"方法。

【例 2.14】创建一个 JavaBean。

（1）创建一个 Dynamic Web Project，取名为 JavaBeanDemo。在目录“Java Resources”→“src”新建一个 Java 类，类名为 Student，包名为 com.cn，如图 2.20 所示。

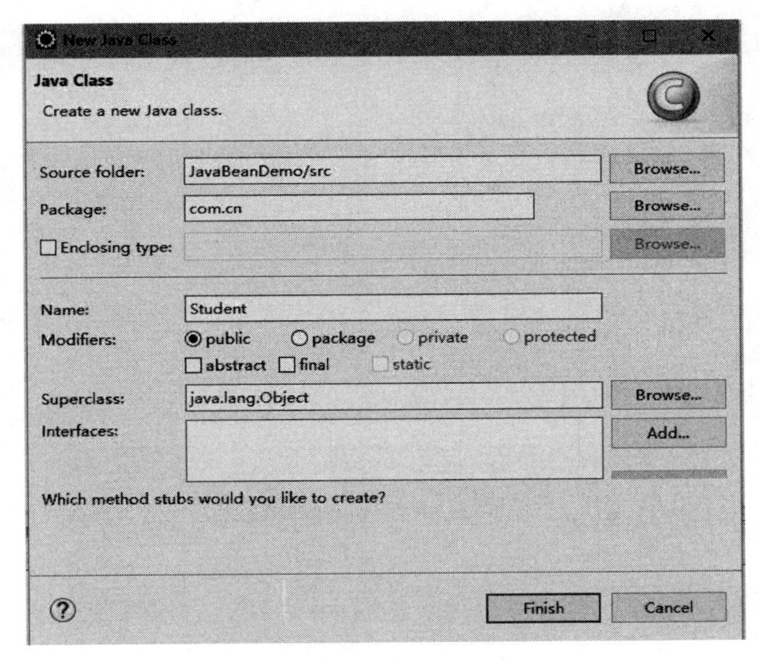

图 2.20　新建 Student 类

（2）在 Student 类中声明 4 个私有的成员属性，分别是学号（no）、姓名（name）、年龄（age）、家庭地址（address）。在 Student 类右键选择菜单“source”→“Generate getters and setters”，弹出如图 2.21 所示界面，在界面上选择“Select All”，然后单击“OK”按钮。Student 类成员属性和方法如下所示：

```
package com.cn;
public class Student {
	private String no;
	private String name;
	private int age;
private String address;
public String getNo() {
```

```
        return no;
    }
    public void setNo(String no) {
        this.no = no;
    }
    public String getName() {
        return name;
    }
    public void setName(String name) {
        this.name = name;
    }
    public int getAge() {
        return age;
    }
    public void setAge(int age) {
        this.age = age;
    }
    public String getAddress() {
        return address;
    }
    public void setAddress(String address) {
        this.address = address;
    }
```

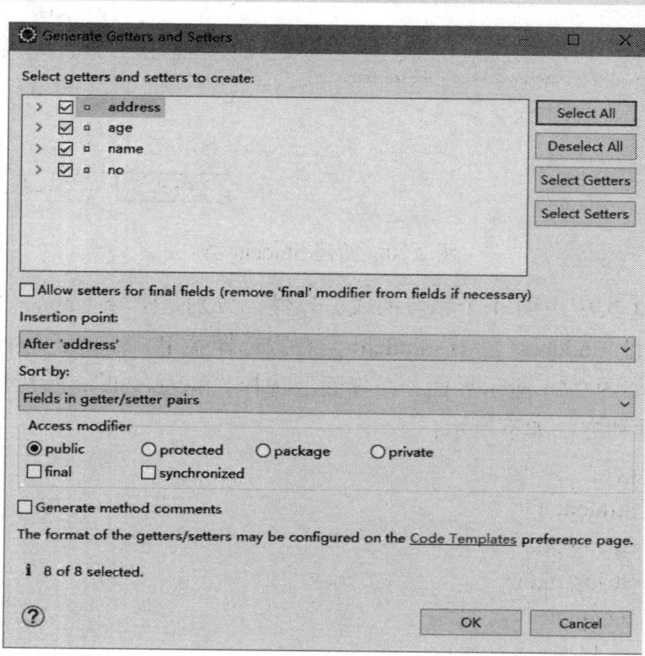

图 2.21 对 Student 类生成 getter 和 setter 方法

1. 访问 JavaBean

<jsp:useBean> 标签可以在 JSP 中声明一个 JavaBean，然后使用。声明后，JavaBean 对象就成了脚本变量，可以通过脚本元素或其他自定义标签来访问。<jsp:useBean>标签的语法格式如下：

<jsp:useBean id= “Bean 的名字” scope= “Bean 的作用域” class= “类路径” />

其中，id 的值应符合变量的命名规则，可在<jsp:useBean>标签中利用 scope 属性来声明 JavaBean 的生命周期范围。每个 JavaBean 都有一个生命周期，Bean 只有在它定义的生命周期范围（作用域）里才能使用，在它的生命周期范围外，将无法访问到它。JSP 为它设定的生命周期范围有：page、request、session 和 application。

如果不写默认为 page，class 的值是类的全路径。

【例 2.15】使用 JavaBean 访问当前日期。

（1）在例 2.14 所创建的 JavaBeanDemo 工程的 WebContent 目录下新建一个 JSP 页面，命名为 useBean.jsp。useBean.jsp 内容如下所示：

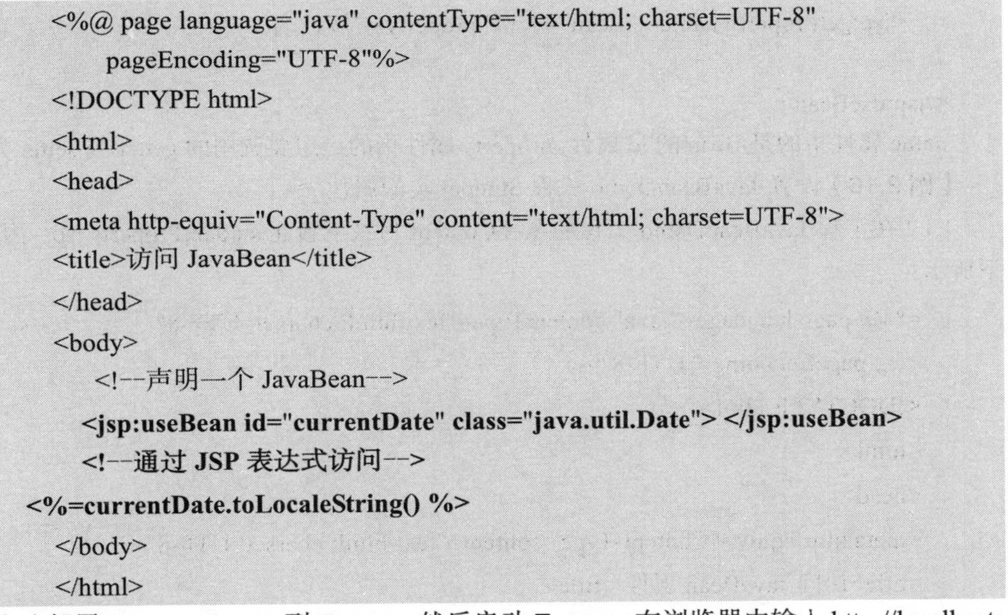

```
<%@ page language="java" contentType="text/html; charset=UTF-8"
    pageEncoding="UTF-8"%>
<!DOCTYPE html>
<html>
<head>
<meta http-equiv="Content-Type" content="text/html; charset=UTF-8">
<title>访问 JavaBean</title>
</head>
<body>
    <!--声明一个 JavaBean-->
    <jsp:useBean id="currentDate" class="java.util.Date"> </jsp:useBean>
    <!--通过 JSP 表达式访问-->
<%=currentDate.toLocaleString() %>
</body>
</html>
```

（2）部署 JavaBeanDemo 到 Tomcat，然后启动 Tomcat，在浏览器中输入 http://localhost:8080/JavaBeanDemo/useBean.jsp，程序运行结果如图 2.22 所示。

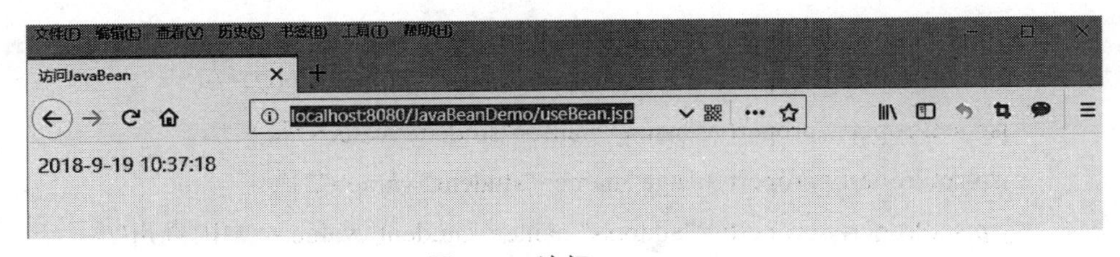

图 2.22　访问 JavaBean

程序说明：

在 useBean.jsp 页面中声明了一个 JavaBean，id 的值相当于声明了一个 java.util.Date 类型的变量。

```
<%
    java.util.Date currentDate = new java.util.Date ( ) ;
%>
```

2. 访问 JavaBean 对象的属性

在**<jsp:useBean>**标签主体中使用**<jsp:getProperty/>**标签来调用 **getter** 方法，使用**<jsp:setProperty/>**标签来调用 **setter** 方法，语法格式如下：

```
<jsp:useBean id= "id" class= "类路径" scope= "Bean 作用域">
    <jsp:setProperty name= "Bean 的 id" property= "属性名"
                          value= "value"/>
    <jsp:getProperty name= "Bean 的 id" property= "属性名"/>
    ……
</jsp:useBean>
```

name 属性指的是 Bean 的 id 属性。property 属性指的是想要调用的 getter 或 setter 方法。

【例 2.16】设置 JavaBeanDemo 工程 Student 类的属性

（1）在工程 JavaBeanDemo 工程的 WebContent 目录下新建 studentProperty.jsp，内容如下所示：

```
<%@ page language="java" contentType="text/html; charset=UTF-8"
    pageEncoding="UTF-8"%>
<!DOCTYPE html>
<html>
<head>
<meta http-equiv="Content-Type" content="text/html; charset=UTF-8">
<title>访问 JavaBean 属性</title>
</head>
<body>
 <jsp:useBean id="student" class="com.cn.Student">
    <jsp:setProperty property="no" name="student" value="140021"/>
    <jsp:setProperty property="name" name="student" value="张三"/>
    <jsp:setProperty property="age" name="student" value="21"/>
    <jsp:setProperty property="address" name= "student" value= “中国贵州”/>
</jsp:useBean>
```

```
        学号:<jsp:getProperty property="no" name="student"/><br>
        姓名:<jsp:getProperty property="name" name="student"/><br>
        年龄:<jsp:getProperty property="age" name="student"/><br>
        地址:<jsp:getProperty property="address" name="student"/><br>
    </body>
    </html>
```

（2）启动 Tomcat，在浏览器中输入 http://localhost:8080/JavaBeanDemo/studentProperty.jsp，程序运行结果如图 2.23 所示。

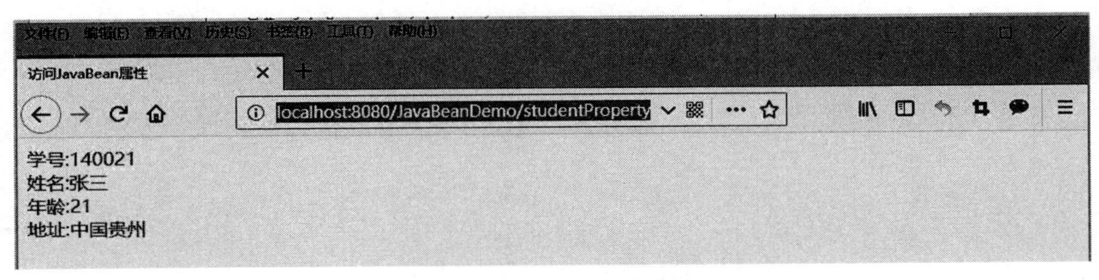

图 2.23　访问 JavaBean 属性

JavaBean 是一些可移植、可重用的组件，一个 JavaBean 必须符合一定的设计规则。在动态网站开发中，使用 JavaBean 可以简化 JSP 页面的设计与开发，提高代码可读性，从而提高网站应用的可靠性和可维护性，使系统具有更好的健壮性和灵活性。JSP 页面可通过标签<jsp:userBean>、<jsp:getProperty>和<jsp: setProperty>与 JavaBean 相结合。

2.3　本章小结

JSP 作为 JavaEE 应用开发中重要的组件技术之一，大大简化了 Web 应用的开发。JSP 页面除了普通 HTML 代码以外，主要还包括脚本元素、指令和动作三种成分。脚本元素用来嵌入 Java 代码，这些 Java 代码将成为转换得到的 Servlet 的一部分；JSP 指令用来从整体上控制 Servlet 的结构；动作用来引入现有的组件以控制 Web 容器的行为。JSP 还包含几种重要的内置对象，这些内置对象在 Web 应用开发时经常用到的，必须熟练掌握，灵活运用，更重要地是在使用时要清楚它们的作用范围。

通过本章学习，读者应对 JSP 页面的设计有较深的理解，同时要熟练掌握脚本元素、指令和动作的使用，并能利用 JSP 的内置对象进行 Web 应用的开发，同时读者应对 JavaBean 有较深的理解，能够在 JSP 页面中通过特定的标签与 JavaBean 相结合，提高 Web 应用开发的效率。

习 题

1. JSP 的指令有哪些?

2. 如何设置一个页面为异常处理页面?

3. 如何使用 include 指令加载一个 HTML 页面?

4. 在页面中放入两个文本框，分别用来输入用户名和密码，单击提交按钮后，在页面中显示输入的用户名和密码。

5. 一起使用<jsp:param>和<jsp:forword>传递参数值，写一个求 3 个数的乘积。

6. 简述 JSP 几种内置对象的用途及作用范围。

7. 在 JSP 中使用 JavaBean 的步骤有哪些?

8. 一个 JavaBean 必须符合哪些设计规则?

9. JSP 如何与 JavaBean 结合？二者如何传递信息?

第 3 章　Servlet 编程

【本章学习目标】

了解 Servlet 基础知识；
掌握 Servlet 的生命周期；
熟练掌握 Servlet 编程知识；
熟练掌握过滤器编程。

3.1　Servlet 基础

3.1.1　什么是 Servlet

Servlet 是运行于服务器端的 Java 程序，运行在 Web 服务器或应用服务器上。它能够接收来自客户端发起的 HTTP 请求并动态生成页面内容。Servlet 最初是对任意客户端-服务端通信协议的一层抽象，但在 Web 技术蓬勃发展的互联网时代，它几乎已经完全和 Http 通信协议绑定在一起使用，所以我们常用的术语 Servlet 主要是指“HTTP Servlet”的缩写。

通常情况下，Servlet 会应用在如下场景中：

（1）处理浏览器页面中提交的 HTML 表单数据。

（2）根据 HTTP 请求信息，动态生成 HTTP 响应内容。例如：根据 HTTP 请求数据从数据库中读取不同的内容并返回。

（3）使用 Cookie 或 URL 重写技术在无状态的 HTTP 协议之上实现对客户端状态的管理。例如：用户系统（登录一次后可以访问站点下的所有页面而无须重复登录）、电商网站的购物车功能。

Servlet 的工作模式是：首先，客户端发送请求至服务器；然后，服务器启动并调用相应的 Servlet，Servlet 根据客户端请求生成响应内容并将其传给服务器；最后，服务器把响应的内容返回客户端，如图 3.1 所示。

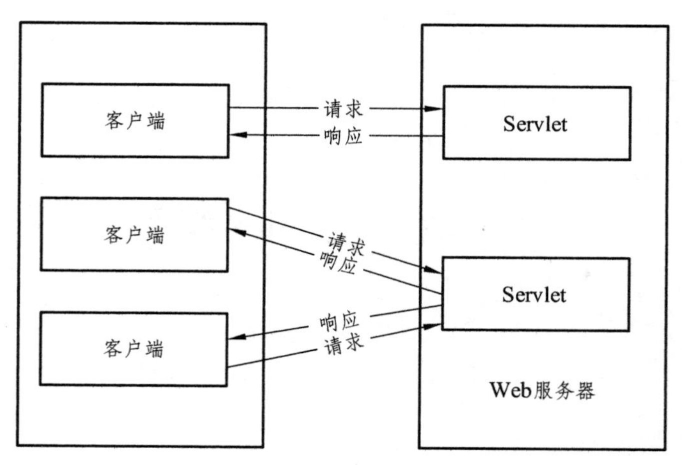

图 3.1　Servlet 架构

3.1.2　Servlet 与 CGI

在传统的 Web 服务器开发领域，支持动态生成内容的技术是 CGI（Common Gateway Interface）。CGI 技术定义了一系列与语言无关的接口，Web 服务器可以单独启动进程通过获取 HTTP 请求数据、向标准输出数据来生成动态内容。Servlet 除了运行于 Java 平台中，相比于古老的 CGI 技术，还拥有一系列优势：

（1）Servlet 运行于 Java 平台之上（JVM），不需要运行于独立的进程之中。

（2）CGI 会启动一个本地的进程处理，然后返回相应的信息给客户端。CGI 服务器为每一个并发请求的客户都启动一个服务器端的程序进程与之对应来处理，即使多个客户端发送的请求相同，服务器也是分别创建对应为进程处理，这样当有大量的用户并发访问时必然会对服务器产生很大压力。而 Servlet 在内存中只有一份“拷贝”，并发访问的 HTTP 请求会共享访问同一个 Servlet 对象。

（3）Servlet 运行于 JVM 之上的 Servlet 容器中，这是一个有严格安全保护措施的沙箱（Sandboxie）。

3.1.3　Servlet 生命周期

应用服务器中用于管理 Java 组件的部分被称为容器，Servlet 运行于应用服务器上的 Web 容器中。当 Servlet 被部署到应用服务器后，由容器管理 Servlet 的生命周期，Servlet 的生命周期可以分为加载，创建，初始化，处理客户请求和卸载等过程，如图 3.2 所示。

（1）加载：容器通过类的加载器使用 Servlet 类对应的文件来加载 Servlet。

（2）创建：通过调用 Servlet 的构造函数来创建一个 Servlet 实例。

（3）初始化：调用 init（ ）方法来完成初始化工作，只会调用一次。

（4）处理客户请求：调用 service（ ）方法，由请求的 method 属性值来决定调用 doGet（ ）还是调用 doPost（ ）方法。

（5）卸载：调用 destory（ ）方法，只会被调用一次。

（6）最后，Servlet 是由 JVM 的垃圾回收器进行垃圾回收。

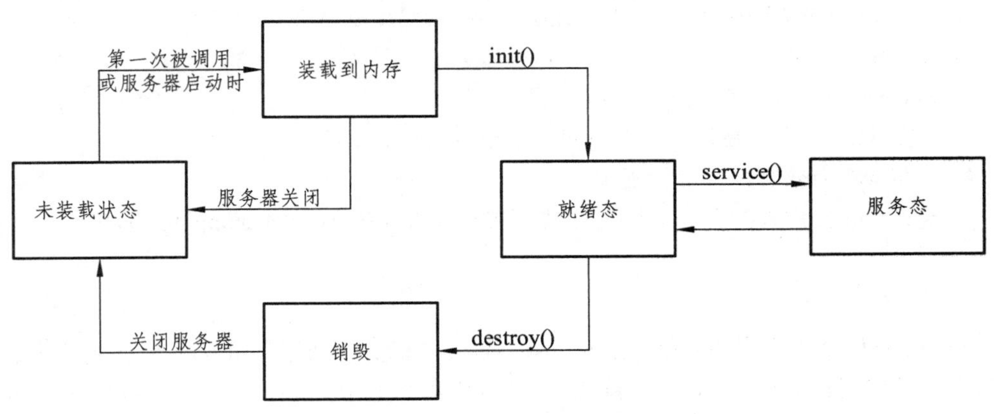

图 3.2　Servlet 生命周期

init（ ）方法被设计成只执行一次。在第一次创建 Servlet 对象时被调用，在后续每次用户请求时不再执行。因此，它是用于一次性初始化。Servlet 创建于用户第一次调用对应于该 Servlet 的 URL 时，但是也可以指定 Servlet 在服务器第一次启动时被加载。当用户调用一个 Servlet 时，就会创建一个 Servlet 实例，每一个用户请求都会产生一个新的线程，适当的时候移交给 doGet 或 doPost 方法。init（ ）方法简单地创建或加载一些数据，这些数据将被用于 Servlet 的整个生命周期。init（ ）方法定义如下:

```
public void init() throws ServletException {
    // 初始化代码...
}
```

当 Servlet 初始化完毕以后，Servlet 对象就可以响应并处理用户请求了，在 Servlet 的生命周期中，大部分的时间是用来处理请求的，当一个请求到来时，Web 服务器将会调用 Servlet 对象的 service（ ）方法，service（ ）方法是执行实际任务的主要方法。Servlet 容器（即 Web 服务器）调用 service（ ）方法来处理来自客户端（浏览器）的请求，并把格式化的响应写回给客户端。Service 方法声明如下：

```
public void service（ServletRequest request，ServletResponse response）;
```

其中参数 request，response 都是由 Servlet 容器创建并传递给 service（ ）方法使用。

在 HttpServlet 中，service（ ）方法将会区分不同的 HTTP 请求类型，调用相应的 doXXX（ ）方法进行处理，比如请求的是 HTTP Get 方法，将会调用 doGet（ ），而 Post 方法则会调用 doPost（ ）。所以当我们实现一个针对 HTTP 协议的 Servlet 时，只需要覆盖相应的 doXXX 方法，实现业务处理逻辑即可。

destroy（ ）方法只会被调用一次，在 Servlet 生命周期结束时被调用。在 destroy（ ）方法中可以用于关闭数据库连接，停止后台线程，把 Cookie 列表或点击计数器写入到磁盘，并执行其他类似的清理活动。在调用 destroy（ ）方法之后，Servlet 对象被标记为垃圾回收。

3.1.4　Servlet 配置

为了让 Servlet 能响应用户请求，还必须将 Servlet 配置在 Web 应用中，配置 Servlet 需要修改 web.xml 文件。

从 Servlet3.0 开始，配置 Servlet 有两种方式：

（1）在 Servlet 类中使用@WebServlet Annotation 进行配置。

（2）在 web.xml 文件中进行配置。

用 web.xml 文件来配置 Servlet，需要配置<servlet>和<servlet-mapping>标签。

1. <servlet>标签

<servlet>标签用来声明一个 Servlet，在<servlet>标签中通过<init-param>标签为 Servlet 配置初始化参数，访问 Servlet 配置的初始化参数通过 ServletConfig 对象来完成，ServletConfig 提供如下方法：

java.lang.String.getInitParameter（java.lang.String name）

<servlet>标签必须含有<servlet-name>和<servlet-class>，或者<servlet-name>和<jsp-file>标签。

<servlet-name>用来定义 servlet 的名称，该名称在整个应用中必须是唯一的。

<servlet-class>用来指定 servlet 的完全限定的名称。

<jsp-file>用来指定应用中 JSP 文件的完整路径，这个完整路径必须由/开始。

2. <servlet-mapping>标签

<servlet-mapping>标签含有<servlet-name>和<url-pattern>标签。

<servlet-name>：即 Servlet 的名字，具有唯一性和一致性，与<servlet>元素中声明的名字一致。

<url-pattern>：指定相对于 Servlet 的 URL 的路径。该路径相对于 Web 应用程序上下文的根路径。<servlet-mapping>将 URL 模式映射到某个 Servlet，即该 Servlet 处理的 URL。

3.1.5　第一个 Servlet

Servlet 是服务 HTTP 请求并实现的 javax.servlet.Servlet 接口的 Java 类。编写一个处理 HTTP 请求并进行响应的 Servlet 需要创建一个 javax.servlet.http.HttpServlet 的子类，需要覆盖 HttpServlet 类的 doGet（）和 doPost（）方法以实现对 HTTP 请求的动态响应。

doGet（）和 doPost（）方法都包含两个参数：javax.servlet.HttpServletRequest 和 javax.servlet.HttpServletResponse 类型。HttpServletRequest 接口提供访问客户端请求的信息的方法，如表单数据、HTTP 请求头信息等；HttpServletResponse 接口提供了用于指定 HTTP 应答状态，应答头的方法以及用于向客户端发送数据的 PrintWriter 对象。该对象可以用于向客户端返回信息。

【例 3.1】创建一个 Servlet，在客户端显示“Hello World”。

（1）运行 Eclipse，选择菜单“File”→“new”→“Dynamic Web Project”或者菜单“File”→“new”→“other”→“Web”→“Dynamic Web Project”，在对话框的 Project name 栏中输入工程名称 first_servlet，如图 3.3 所示，单击下一步，在图 3.4 所示的对话框中使 Generate web.xml deployment descriptor 复选框为选中状态，然后单击“Finish”按钮，最后生成的工程目录如图 3.5 所示。

图 3.3　新建 Web 工程 1

图 3.4　新建 Web 工程 2

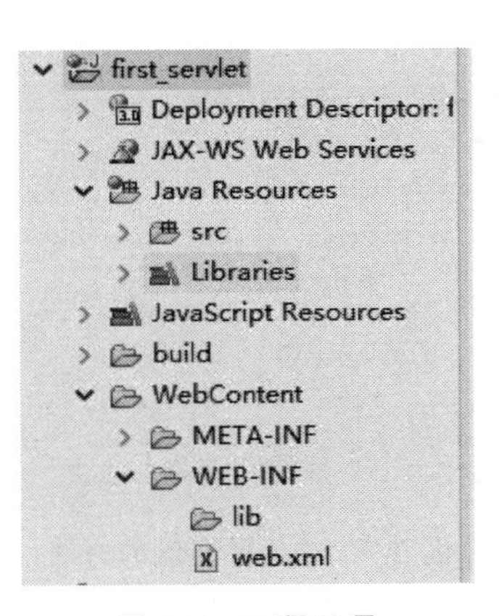

图 3.5　工程目录

（2）在图 3.5 所示的 src 目录右键选择菜单“new”→“servlet”，在图 3.6 所示对话框的 java package 栏中输入包名 com.servlet，在 class name 栏中输入 FirstServlet，单击“Next”，

出现图 3.7 所示的界面，在图 3.7 所示的界面中选择 init、destroy、doGet、doPost 方法，单击“Finisth”按钮。

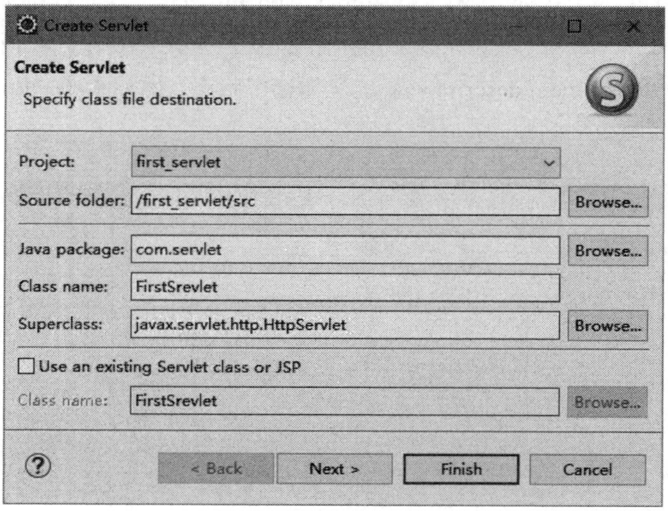

图 3.6　新建 Servlet

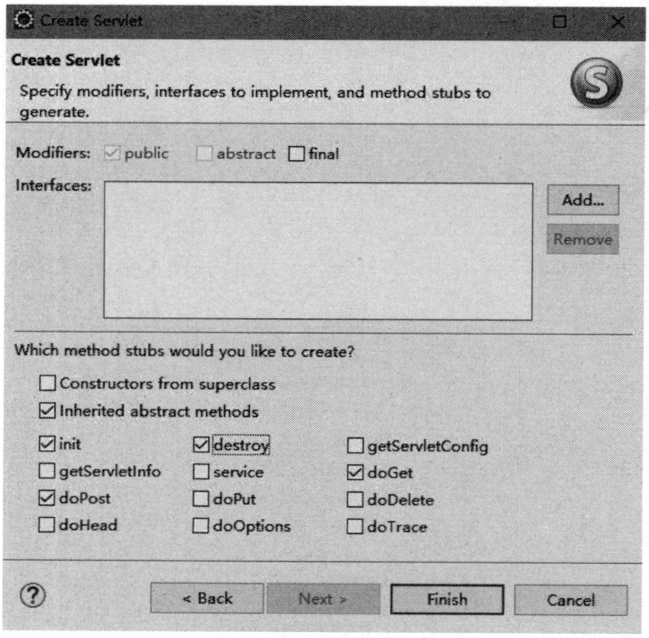

图 3.7　选择要覆盖的方法

```
package com.servlet;
// 导入必需的 java 库
import java.io.*;
import javax.servlet.*;
```

```
import javax.servlet.http.*;
@WebServlet("/FirstServlet") //访问 Servlet 的路径，配置 url-pattern
// 继承 HttpServlet 类
public class FirstServlet extends HttpServlet {
    private String message;
    public void init() throws ServletException
    {
        // 执行必需的初始化
        message = "Hello World";
    }
    public void doGet(HttpServletRequest request,
                      HttpServletResponse response)
            throws ServletException, IOException
    {
        // 设置响应内容类型
        response.setContentType("text/html");
        //设置编码
        response.setHeader("Content-Type", "text/html; charset=UTF-8");
        // 实际的逻辑是在这里
        PrintWriter out = response.getWriter();
        out.println("<h1>" + message + "</h1>");
    }
    public void doPost(HttpServletRequest request,
                       HttpServletResponse response)
            throws ServletException, IOException{
        this.doGet();
}
    public void destroy()
    {
        // 什么也不做
    }
}
```

（3）部署并运行 Web 项目：选择菜单“Window”→“Show View”→“Server”→“Servers”（见图 3.8），单击“Open”按钮。在图 3.9 中单击带下划线的蓝色字体，弹出创建服务对话框，如图 3.10 所示。在图 3.10 中选择 Tomcat 的版本（本书使用的 Tomcat 是 7.0 版本），单击“Next”按钮，在图 3.11 所示对话框选择左边列表框的 first_servlet，单击“Add All”，然后单击“Finish”结果，如图 3.12 所示。在图 3.12 中单击 ，启动项目。

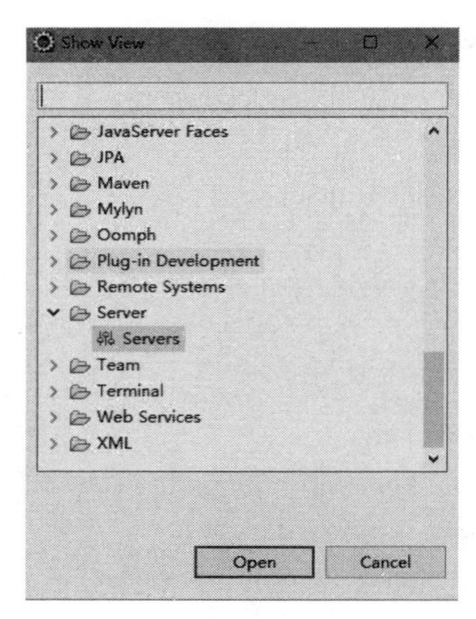

图 3.8　打开服务视图

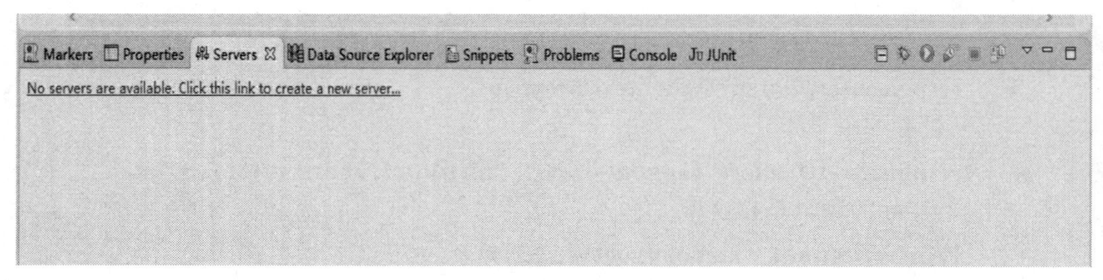

图 3.9　服务视图

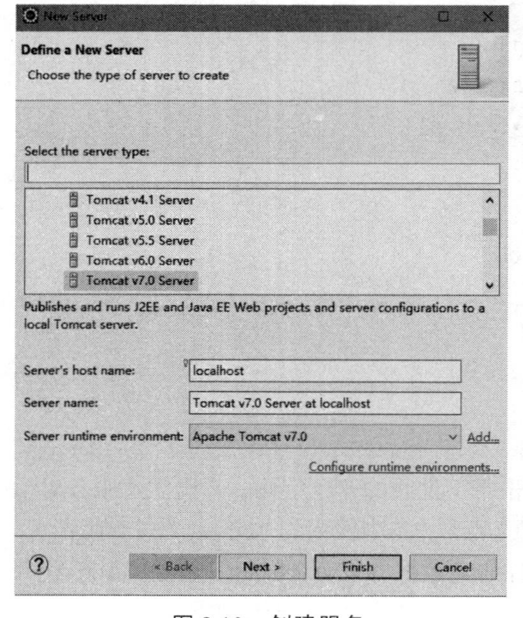

图 3.10　创建服务

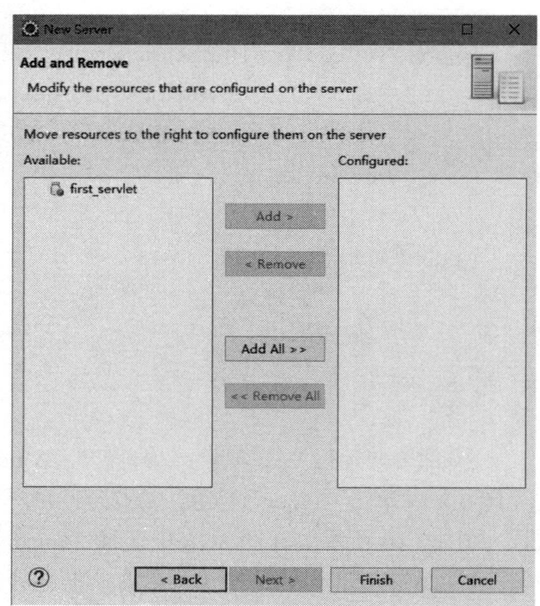

图 3.11　部署项目

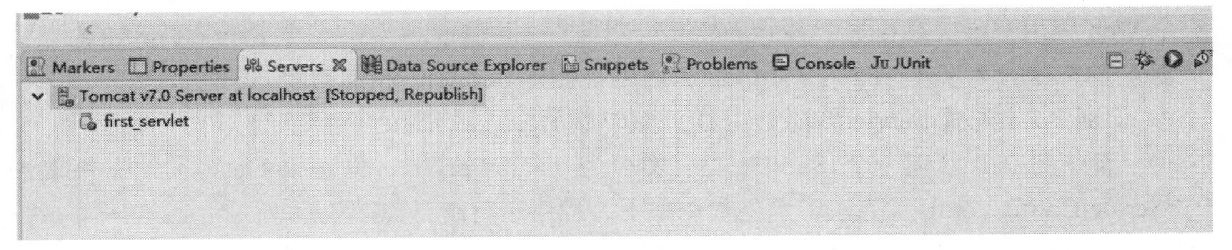

图 3.12　已部署项目

（4）在浏览器的地址栏输入 http://localhost:8080/first_servlet/firstServlet，如图 3.13 所示。

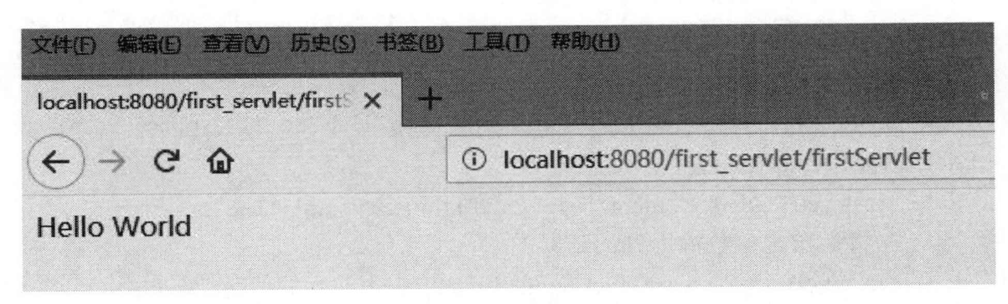

图 3.13　请求 Servlet

在本例的 FirstServlet 类中，覆盖了父类的 init（）、doGet（）、doPost（）和 destroy（）方法，定义了一个对象的成员属性 message，在 init（）方法中初始化 message 属性的值为 Hello World。doGet（）和 doPost（）方法用分别用来响应客户端的 HTTP 的 Get 和 Post 请求。在本例中 Get 和 Post 相应的行为相同，所以在 doPost（）方法中调用 doGet（）方法。

doGet（）和 doPost（）方法都有两个参数：HttpServletRequest 类型的对象 request 和 HttpServletResponse 类型的对象 response。返回网页的内容是通过 response 对象取得 PrintWriter 类型的对象 out，通过 out 对象的 println（）方法输出 HTML 标记和 message 属性。

访问 Servlet 是通过 URL 访问，在本例中访问 Servlet 的 URL 是 http://localhost:8080/first_servlet/firstServlet。

localhost：服务器名称，本例的 localhost 是本机。

8080：访问服务器的端口号，在 Tomcat 的 server.xml 文件中可以修改。

/first_servet：是 Web 项目的 Context root URL，在 tomcat 的 server.xml 文件配置。

/firstServlet：是 firstServlet 的 MappingURL。通过@WebServlet（"/FirstServlet"）设置。

3.1.6　Servlet 初始化参数

Servlet 初始化参数能在 web.xml 中或者通过注解方式配置，通过 ServletConfig 对象获得。为了提高 Servlet 程序的可移植性，将有些初始化参数放在 Servlet 配置文件中。在一个 Web 应用中可以存在多个 ServletConfig 对象，一个 Servlet 对应一个 ServletConfig 对象。创建完 Servlet 对象之后，在调用 init 方法之前创建 ServletConfig 对象。

【例 3.2】配置 Servlet 参数，并在页面中显示 Servlet 参数。

参照例 3.1 新建一个 Servlet 类，类名为 ParamServlet，覆盖 doGet（ ）方法和 init（ServletConfig config）方法，示例代码如下，程序运行结果如图 3.14 所示。

```
import java.io.IOException;
import javax.servlet.*;
import javax.servlet.http.*;
public class ParamServlet extends HttpServlet{
    private String path;//声明对象的成员变量，保存初始化参数
    @Override
    protected void doGet(HttpServletRequest req, HttpServletResponse resp) throws
ServletException, IOException {
        resp.setHeader("Content-Type","text/html; charset=UTF-8");
        //将初始化参数输出到浏览器
        resp.getWriter().write("Servlet 的初始化参数 path 的值为:"+path);
    }
    @Override
    public void init(ServletConfig config) throws ServletException {
            path = config.getInitParameter(" path" );
    }
}
```

（1）ParamServlet 的初始化参数在 web.xml 文件中配置：

```
<servlet>
    <servlet-name>ParamServlet</servlet-name>
    <servlet-class>com.servlet.ParamServlet</servlet-class>
    <init-param>
        <param-name>path</param-name>
        <param-value>d:/comment.txt</param-value>
    </init-param>
</servlet>
<servlet-mapping>
    <servlet-name>ParamServlet</servlet-name>
    <url-pattern>/paramServlet</url-pattern>
</servlet-mapping>
```

（2）ParamServlet 的初始化参数以注解方式配置（不需要在 web.xml 文件中配置）如下：

```
import java.io.IOException;
import javax.servlet.*;
import javax.servlet.http.*;
@WebServlet(name="ParmServlet",urlPatterns={"/paramServlet"},initParams={@WebInit
Param(name="path",value="d:\comment.txt")})
public class ParamServlet extends HttpServlet{
    private String path;//声明对象的成员变量，保存初始化参数
    @Override
    protected void doGet(HttpServletRequest req, HttpServletResponse resp) throws
ServletException, IOException {
        resp.setHeader("Content-Type", "text/html; charset=UTF-8");
        //将初始化参数输出到浏览器
        resp.getWriter().write("Servlet 的初始化参数 path 的值为:"+path);
    }
    @Override
    public void init(ServletConfig config) throws ServletException {
            path = config.getInitParameter( "path" );
    }
}
```

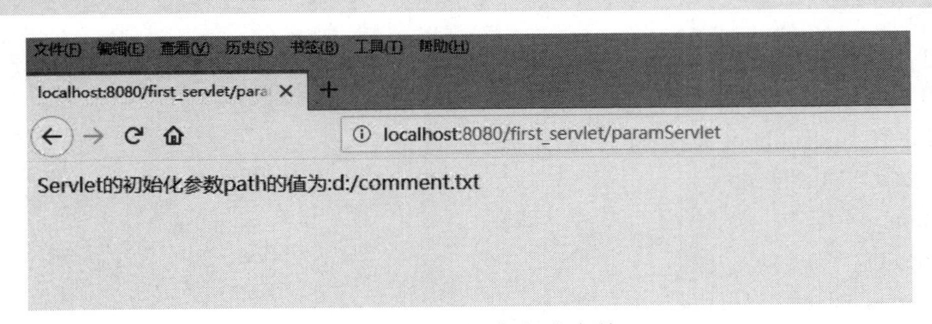

图 3.14 Servlet 初始化参数

使用注解方式和在 web.xml 文件中配置的区别如下：

（1）使用注解完成 servlet 初始化参数，如果修改了初始化参数，必须重新编译应用程序才能生效。

（2）将 servlet 参数添加到部署描述符，只需修改 xml 代码并重启应用程序即可使配置生效，不用重新编译应用程序。

3.1.7 表单数据处理

很多情况下，用户需要通过浏览器以表单的形式传递一些信息到 Web 服务器，最终到

后台程序。表单数据经常使用两种方式将信息传递到 Web 服务器，Get 方法和 Post 方法。

Get 方法是默认地从浏览器向 Web 服务器提交信息的方法,它产生一个很长的字符串，出现在浏览器的地址栏中。如果要向服务器传递敏感信息，请避免使用 Get 方法。Get 方法形成的 URL 字符串最多只能有 1 024 个字符，Servlet 使用 doGet（ ）方法处理这种类型的请求。

Post 方法是另外一个浏览器向 Web 服务器传递信息的方法。Post 方法向 Web 服务器提交的信息不是作为 URL 中“？”字符后的文本字符串进行发送，而是把这些信息作为一个单独的消息，以标准的输出形式传递给 Web 服务器，Servlet 使用 doPost（ ）方法处理这种类型的请求。

Servlet 使用 HttpServletRequest 对象根据不同的情况使用不同的方法解析接收到的信息，如表 3.1 所示。

表 3.1　HttpServletRequest 对象解析接收到信息的方法

方法	说明
String getParameter（String name）	根据表单参数的 name 属性的值获取表单数据
Enumeration<String> getParameterNames（ ）	得到当前请求中的所有参数的完整列表
String[] getParameterValues（String name）	适合当前请求参数可能会有多个值数据获取，例如：复选框、多选框等。

【例 3.3】用户在表单中输入学号、姓名、爱好，提交 Ser let 处理后在页面显示用户输入的信息。

（1）右键单击 WebContent 目录，选择“File”→“New”→“HTML File”命令，在对话框的 File Name 文本框中输入 student.html，单击“Finish”按钮。

（2）在 student.html 文件中的代码如下：

```
<!DOCTYPE html>
<html>
<head>
<meta charset= “UTF-8” >
<title>学生爱好</title>
</head>
<body>
    <form action="studentServlet" method="get">
        姓名:<input type="text" name="name"><br>
        学号:<input type="text" name="num"><br>
        爱好:<br>
        <input type="checkbox" name="interest" value="篮球">篮球
        <input type="checkbox" name="interest" value="足球">足球
        <input type="checkbox" name="interest" value="羽毛球">羽毛球
```

```
            <input type= "checkbox" name= "interest" value= "乒乓球">乒乓球
            <input type= "submit" value= "提交">
        </form>
    </body>
    </html>
```

form 标记的 action 属性规定当提交表单时向何处发送数据。属性值可以是 HTML 页面、JSP 页面、Servlet 或者其他的系统，method 是以何种方法提交（Get 方法还是 Post 方法）。在上面的表单中，有两个文本输入框、四个复选框（四个复选框的 name 属性值必须一致，value 的值不同）以及一个提交按钮。当单击提交按钮时，表单数据提交到名为“**studentServlet**”（studentServlet 的名字可以在 web.xml 中配置）的 Servlet。在名为“**studentServlet**”的 Servlet 中对于单行文本框通过 HttpServletRequest 对象的 getParameter( ) 方法获取用户输入的值，对于复选框通过 HttpServletRequest 对象的 getParameterValues ( ) 方法得到一个字符串数组。

（3）参照【例 3.1】新建一个 Servlet 类，类名为 StudentServlet。该 Servlet 的代码如下所示。

```
    package com.servlet;

    import java.io.IOException;
    import java.io.PrintWriter;
    import javax.servlet.ServletException;
    import javax.servlet.http.HttpServlet;
    import javax.servlet.http.HttpServletRequest;
    import javax.servlet.http.HttpServletResponse;
    public class StudentServlet extends HttpServlet {
        @Override
        protected void doGet(HttpServletRequest req, HttpServletResponse resp)
                throws ServletException, IOException {
            //通过 req 的 getParameter 方法获取表单上输入的学生姓名，参数“name”是表
单
    //姓名输入标签 name 属性的值
    String name = req.getParameter("name");
    String num = req.getParameter("num");
    //对于复选框使用 getParameterValues 方法获取选中的值
        String []interests = req.getParameterValues("interest");
        //用于确保参数信息以汉字编码方式提取
    resp.setContentType("text/html;charset=UTF-8");
    //用于确保汉字信息以正确的编码方式显示
```

```
        resp.setCharacterEncoding("UTF-8");
        PrintWriter pw = resp.getWriter();
        pw.println("<!DOCTYPE html>");
        pw.println("<html>");
        pw.println("<head>");
        pw.println("<meta charset=\"UTF-8\ ">");
        pw.println("<title>学生爱好信息</title>");
        pw.println("</head>");
        pw.println("<body>");
        pw.println("姓名: "+name+"<br>");
        pw.println("学号: "+num+"<br>");
    pw.println("爱好:");
    //判断复选框有没有选中，如果没有选中，interests 就是 null。
        if(interests == null) {
            pw.println("没有爱好");
        }else {
            for(String interest:interests) {
                pw.print(interest+" ");
            }
        }
        pw.println("</body>");
        pw.println("</html>");
        pw.flush();
        pw.close();
    }
}
```

（4）打开 web.xml 文件配置 Servlet，代码如下所示。

```
<servlet>
    <servlet-name>StudentServlet</servlet-name>
    <servlet-class>com.servlet.StudentServlet</servlet-class>
  </servlet>
  <servlet-mapping>
    <servlet-name>StudentServlet</servlet-name>
    <url-pattern>/studentServlet</url-pattern>
  </servlet-mapping>
```

（5）打开浏览器，在地址栏中输入 http://localhost:8080/first_servlet/student.html，可以看到页面，输入姓名、学号信息、并选择爱好，如图 3.15 所示。

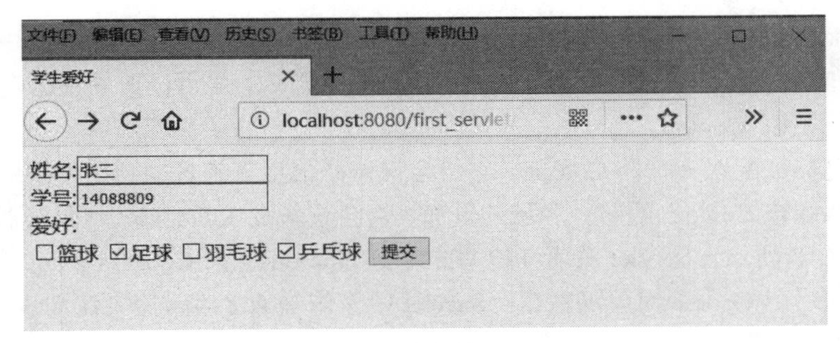

图 3.15　信息输入页面

（6）单击提交按钮后，Servlet 返回页面如图 3.16 所示。

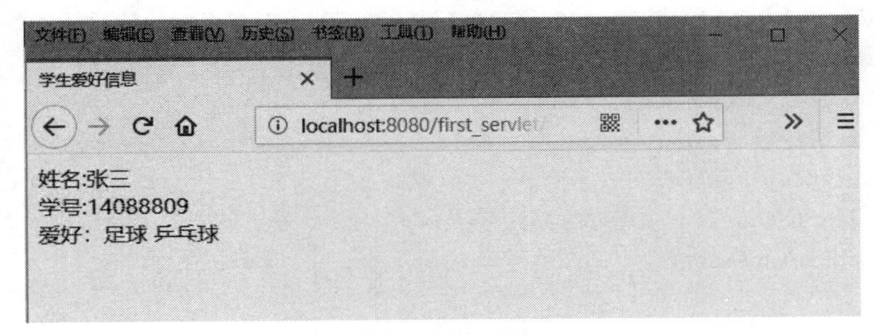

图 3.16　Servlet 输出页面

3.1.8　Cookie 处理

Cookie 是存储在客户端计算机上的文本文件，并保留了各种跟踪信息，Java Servlet 支持 HTTP Cookie。识别返回用户包括 3 个步骤：

（1）服务器脚本向浏览器发送一组 Cookie。例如：姓名、年龄或识别号码等。

（2）浏览器将这些信息存储在本地计算机上，以备将来使用。

（3）当下一次浏览器向 Web 服务器发送任何请求时，浏览器会把这些 Cookie 信息发送到服务器，服务器将使用这些信息来识别用户。

Cookie 通常设置在 HTTP 头信息中（虽然 JavaScript 也可以直接在浏览器上设置一个 Cookie）。设置 Cookie 的 Servlet 会发送如图 3.17 所示的头信息：

```
HTTP/1.1 200 OK
Date: Fri, 04 Feb 2000 21:03:38 GMT
Server: Apache/1.3.9 (UNIX) PHP/4.0b3
Set-Cookie: name=xyz; expires=Friday, 04-Feb-07 22:03:38 GMT;
                 path=/; domain=runoob.com
Connection: close
Content-Type: text/html
```

图 3.17　Cookie 设置在 HTTP 头信息

Set-Cookie 头包含了一个名称值对、一个 GMT（格林尼治时间）日期、一个路径和一个域。名称和值会被 URL 编码。expires 字段是一个指令，告诉浏览器在给定的时间和日期之后“忘记”该 Cookie。

如果浏览器被配置为存储 Cookie，它将会保留此信息直到日期到期。如果用户的浏览器指向任何匹配该 Cookie 的路径和域的页面，它会重新发送 Cookie 到服务器。浏览器的头信息如图 3.18 所示。Servlet 或者 JSP 就能够通过 request.getCookies（）访问 Cookie，该方法将返回一个 Cookie 对象的数组。Sarvlet 中操作 lookie 时常用方法如表 3.2 所示。

```
GET / HTTP/1.0
Connection: Keep-Alive
User-Agent: Mozilla/4.6 (X11; I; Linux 2.2.6-15apmac ppc)
Host: zink.demon.co.uk:1126
Accept: image/gif, */*
Accept-Encoding: gzip
Accept-Language: en
Accept-Charset: iso-8859-1,*,utf-8
Cookie: name=xyz
```

图 3.18　请求包含 Cookie 头信息

表 3.2　Servlet 中操作 Cookie 时常用的方法

方法	说明
public void setDomain（String pattern）	该方法设置 cookie 适用的域，例如 runoob.com
public String getDomain（）	该方法获取 cookie 适用的域，例如 runoob.com
public void setMaxAge（int expiry）	该方法设置 cookie 过期的时间（以秒为单位）。如果不这样设置，cookie 只会在当前 session 会话中持续有效
public int getMaxAge（）	该方法返回 cookie 的最大生存周期（以秒为单位），默认情况下，-1 表示 cookie 将持续下去，直到浏览器关闭
public String getName（）	该方法返回 cookie 的名称。名称在创建后不能改变
public void setValue（String newValue）	该方法设置与 cookie 关联的值
public String getValue（）	该方法获取与 cookie 关联的值

【例 3.4】记住登录用户名及密码。

（1）新建名称为 chapter3_cookie 的 Web 工程，在 WebContent 目录下新建 login.jsp 和 welcome.jsp 页面；在 src 目录下新建类名为 CookieServlet 的 Servlet 并覆盖 doPost（）方法。

login.jsp 页面内容：

```
<%@ page language="java" contentType="text/html; charset=UTF-8"
    pageEncoding= "UTF-8"%>
<!DOCTYPE html>
<html>
<head>
<meta http-equiv= "Content-Type" content= "text/html; charset=UTF-8">
<title>登录</title>
</head>
<body>
  <%
    String loginName ="";
    String password ="";
    //通过 JSP 内置对象 request 读取 Cookie。
    Cookie []cookies = request.getCookies();
    for(Cookie cookie:cookies){
      //判断 Cookie 的名称是否为"loginName"
      if(cookie.getName().equals("loginName")){
        //名称为 loginName 的 Cookie 的值赋值给 loginName 变量
        loginName = cookie.getValue();
      }else if(cookie.getName().equals("password")){
        //名称为 password 的 Cookie 的值赋值给 password 变量
        password = cookie.getValue();
      }
    }
  %>
<form action= "cookieServlet" method= "post">
    用户名:<input type="text" name="loginName" value="<%=loginName%>"><br>
    密　码:<input type="password" name="password" value="<%=password%>"><br>
  <input type="checkbox" id="remberInfo" name="isRember" onchange="changValue()">记
住用户名密码<br>
     <input type="submit" value= "登录">
</form>
```

```
    <script type= "text/javascript">
      function changValue(){
        var rember = document.getElementById('remberInfo');
         //判断 checkbox 是否选中，选中就设置值为 1，否则设置值为 0
        if(rember.checked == true){
          rember.value=1;
        }else{
          rember.value=0;
        }
      }
    </script>
  </body>
  </html>
```

CookieServlet.java 内容:

```
package chapter3_cookie;
import java.io.IOException;
import javax.servlet.ServletException;
import javax.servlet.annotation.WebServlet;
import javax.servlet.http.Cookie;
import javax.servlet.http.HttpServlet;
import javax.servlet.http.HttpServletRequest;
import javax.servlet.http.HttpServletResponse;
//使用申明式注释设置 Servlet 的访问路径
@WebServlet(urlPatterns={"/cookieServlet"})
public class CookieServlet extends HttpServlet {
  private static final String REMBER_LOGINNAME="1";
  private static final String LOGINNAME="admin";
  private static final String PASSWORD ="admin";
  @Override
  protected void doPost(HttpServletRequest req, HttpServletResponse resp) throws
ServletException, IOException {
       //获取 login.jsp 页面名称为 loginName 的表单的值
        String loginName = req.getParameter("loginName");
      //获取 login.jsp 页面名称为 password 的表单的值
        String password = req.getParameter("password");
        String isRember = req.getParameter("isRember");
```

```
        //判断用户名和密码是否是 admin
        if(LOGINNAME.equals(loginName) && PASSWORD.equals(password)) {
        //通过 session 保存登录用户名
            req.getSession().setAttribute("user", loginName);
    //判断记录用户和密码是否为选中状态，如果是选中状态，则新建 Cookie 保存
    //用户名和密码。
            if(REMBER_LOGINNAME.equals(isRember)) {
                Cookie cookie = new Cookie("loginName",loginName);
                Cookie cookie1 = new Cookie("password",password);
                resp.addCookie(cookie1);
                resp.addCookie(cookie);
            }
             //请求重定向到 welcome.jsp 页面
            resp.sendRedirect("welcome.jsp");
        }else {
            //用户名和密码不是 admin 请求重定向到 login.jsp 页面
            resp.sendRedirect("login.jsp");
        }
    }}
```

Welcome. Jsp 页面内容：

```
<%@ page language="java" contentType= "text/html; charset=UTF-8"
    pageEncoding= "UTF-8"%>
<!DOCTYPE html>
<html>
<head>
<meta http-equiv="Content-Type" content="text/html; charset=UTF-8">
<title>主页</title>
</head>
<body>
    <%
      String loginName = (String)session.getAttribute("user");
    %>
    <h4>欢迎光临:<%=loginName%></h4>
</body>
</html>
```

（2）部署工程到 Tomcat，然后启动 Tomcat。在浏览器的地址栏中输入 http://localhost:8080/chapter3_cookie/login.jsp，如图 3.19 所示。

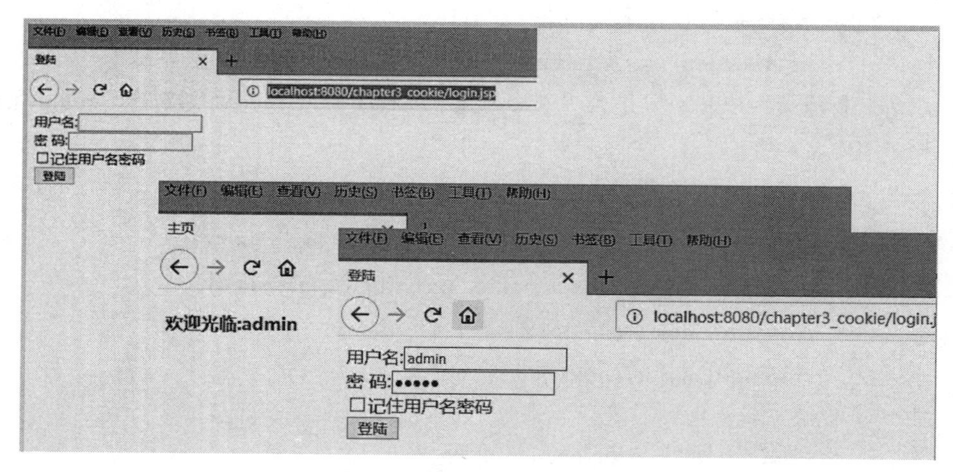

图 3.19　Cookie 运行结果

程序说明：

首先访问 login.jsp 页面时，通过 JSP 内置对象 request 读取 Cookie，判断是否存在名称为 loginName 和 password 的 Cookie，由于是第一次访问 login.jsp 页面，因此不存在这两个 cookie，所以用户名和密码需要录入，并单击了记住用户名和密码，单击登录按钮提交到 CookieServlet 的 doPost 方法处理。在 doPost 方法中首先读取了表单的用户名、密码以及记住用户名和密码的值。判断用户名和密码是否等于 admin，如果等于则将登录用户名保存到 session 中，然后再判断表单的“记住用户名及密码”的复选框是否为选中状态，如果为选中状态，则新建两个 Cookie 对象分别用来保存用户名和密码并发送到浏览器。最后通过请求重定向将页面转向到 welcome.jsp 页面，在 welcome.jsp 页面中获取到 session 保存的登录用户名，并通过 JSP 表达式显示在浏览器。

当第二次打开 login.jsp 页面，由于浏览器已经保存有用户名及密码的 Cookie，则读取到这些值，并重构 JSP 表达式显示在表单输入框中。所以第二次在访问 login.jsp 页面时，用户名和密码的值自动填充到表单输入框中。

3.1.9　Servlet 文件上传

Servlet 可以与 HTML form 标签一起使用，来允许用户上传文件到服务器。上传的文件可以是文本文件、图像文件或其他任何文档。使用表单上传文件需要注意以下几点：

（1）表单 method 属性应该设置为 Post 方法，不能使用 Get 方法。

（2）表单 enctype 属性应该设置为 multipart/form-data。

（3）表单 action 属性应该设置为在后端服务器上处理上传的 Servlet 文件。

（4）上传单个文件，应该使用单个带有属性 type= “file”的 <input .../> 标签。

为了允许多个文件上传，基于 HTML5 的 input 标签设置 multiple="multiple"的属性。

【例 3.5】文件上传。

（1）新建名称为 chapter3_uplod_file 的 Web 工程，在 WebContent 目录下新建名称为 upload.jsp 的文件以及在 src 目录下新建名称为 UploadFileServlet 的 Servlet。

upload.jsp 页面的内容为：

```
<%@ page language= "java" contentType="text/html; charset=UTF-8"
    pageEncoding= "UTF-8"%>
<!DOCTYPE html>
<html>
<head>
<meta http-equiv= "Content-Type" content= "text/html; charset=UTF-8">
<title>Servlet-文件上传实例</title>
</head>
<body>
  <h1>文件上传实例</h1>
  <form method= "post" action= "uploadFileServlet" enctype=
“multipart/form-data”>
      选择一个文件: <input type= "file" name= "uploadFile" /> <br>
          <input type= "submit" value= "上传"/><br>
  </form>
</body>
</html>
```

UploadFileServlet.java 内容如下：

```
import java.io.*;
import javax.servlet.ServletException;
import javax.servlet.annotation.MultipartConfig;
import javax.servlet.annotation.WebServlet;
import javax.servlet.http.*;
//配置 Servlet 的 urlPatterns
@WebServlet(urlPatterns={"/uploadFileServlet"})
@MultipartConfig(fileSizeThreshold = 5242880, maxFileSize = 20971520L,
maxRequestSize = 41943040L)
public class UploadFileServlet extends HttpServlet {
    @Override
    protected void doPost(HttpServletRequest req, HttpServletResponse resp) throws
ServletException, IOException {
        //根据表单 name 属性获取上文件对象
```

```
    Part part = req.getPart("uploadFile");
    //获取 HTTP 头信息，根据头信息能够获取到文件名称
        String header = part.getHeader("content-disposition");
        // 获取上传文件的文件名称
        String fileName = header.substring(header.indexOf("filename=")+10,
header.length() - 1);
        // 获取上传文件的大小
        long size = part.getSize();
    InputStream inputStream = part.getInputStream();
    //获取项目部署在 Tomcat 下的绝对路径
    String realPath = req.getServletContext().getRealPath("");
    //设置文件上传的保存路径在 uploadFile 文件夹下
    realPath = realPath + File.separator + "uploadFile";
    //获取项目相对路径
    String contextPath = req.getServletContext().getContextPath();
    //保存文件的绝对路径
        String downFilePath = contextPath + "/uploadFile/" + fileName;
    File file = new File(realPath, fileName);
    //判断文件的父路径是否存在，如果不存在新建目录
        if (!file.getParentFile().exists()) {
          file.mkdirs();
        }
        FileOutputStream fos = null;
        try {
          fos = new FileOutputStream(file);
          byte[] data = new byte[1024];
          int length = inputStream.read(data);
          while (length != -1) {
            fos.write(data, 0, length);
            length = inputStream.read(data);
          }
          req.setAttribute("downloadFilePath", downFilePath);
          req.getRequestDispatcher("success.jsp").forward(req, resp);
        } catch (IOException e) {
          e.printStackTrace();
          req.getRequestDispatcher("error.jsp").forward(req, resp);
        } finally {
          if (fos != null) {
```

```
                fos.close();
            }
            if (inputStream != null) {
                inputStream.close();
            }
        }
    }
}
```

success.jsp 页面内容如下：

```
<%@ page language="java" contentType="text/html; charset=UTF-8"
    pageEncoding= "UTF-8"%>
<!DOCTYPE html>
<html>
<head>
<meta http-equiv="Content-Type" content="text/html; charset=UTF-8">
<title>文件上传成功</title>
</head>
<body>
  <h4><a href="<%=request.getAttribute("downloadFilePath")%>">文件上传成功,
单击下载</a></h4>
</body>
</html>
```

error.jsp 页面内容如下：

```
<%@ page language= "java" contentType= "text/html; charset=UTF-8"
pageEncoding="UTF-8"%>
<!DOCTYPE html>
<html>
<head>
<meta http-equiv= "Content-Type" content= "text/html; charset=UTF-8">
<title>文件上传失败</title>
</head>
<body>
<h3>文件上传失败</h3>
</body>
</html>
```

（2）部署工程到 Tomcat，然后启动 Tomcat。在浏览器的地址栏中输 http：//localhost:808/chapter3_uplod_file/upload. jsp，上传一个文件，结果如图 3.20，图 3.21 所示。

图 3.20　文件上传

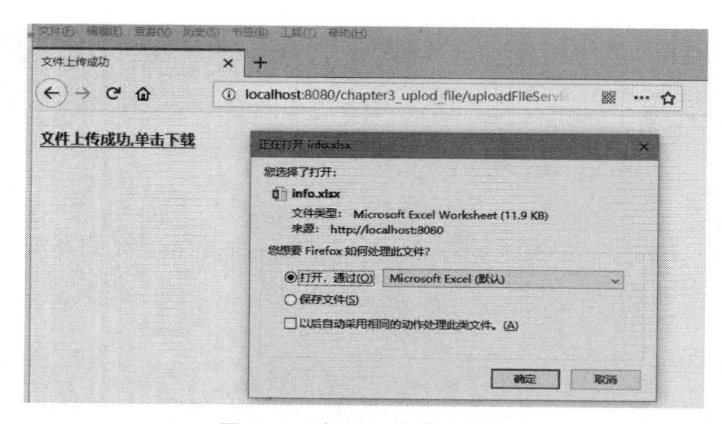

图 3.21　文件上传成功界面

程序说明：

在图 3.20 中单击“浏览”选择要上传的文件后，单击“上传”，表单提交到 UploadFileServlet 类的 doPost ( ) 方法处理。UploadFileServlet 通过注解方式进行配置，其中@WebServlet 配置请求路径，@MultipartConfig 用来配置文件上传的相关参数（处理文件上传的 Servlet 必须配置）。fileSizeThreshold 将告诉 Web 容器文件必须达到多大才能写入到临时文件，本例是 5 MB，即文件小于 5 MB 将保存到内存中，请求完成由垃圾回收器回收，文件超过 5 MB，容器将把文件保存到 location 指向的临时文件，请求完成后容器从磁盘中删除该文件；location 告诉浏览器在哪里存储临时文件，可忽略，让应用服务器使用它默认临时目录即可；maxFileSize 设置上传文件的最大值，本例配置的参数要求上传单个文件大小不能超过 20 MB，一次请求不能超过 40 MB，文件数量不限。如果要在 web.xml 文件中配置，作用和注解配置一样：

```
<servlet>
        <multipart-config>
            <file-size-threshold>5242880</file-size-threshold>
            <location></location>
            <max-file-size>20971520</max-file-size>
            <max-request-size>41943040</max-request-size>
```

```
        </multipart-config>
    </servlet>
```

在 Servlet3.0 中获取文件上传组件通过语句 Part p = request.getPart（“表单文件组件的 name 名”）; 获取上传文件的文件名称通过语句 part.getHeader（“content-disposition”）; content-disposition 的内容类似于：Content-Disposition: form-data; name= “uploadFile”; filename= “info.xlsx”，通过解析 Content-Disposition 内容能够获取上传文件的文件名称。在本例中将上传文件保存在项目部署绝对路径/uploadFile 文件夹下。最后通过 part.getInputStream（ ）方法获取文件输入流进行读取文件，通过文件输出流将文件保存在磁盘。如果保存成功，将文件的路径设置到 req 对象的属性，再通过服务器转向跳转到 success.jsp 页面，在 success.jsp 页面获取到内置对象 request 的属性将文件的下载路径通过超链接展现在浏览器，单击超链接时弹出如图 3.21 所示的界面。如果下载失败则请求重定向到 error.jsp 页面。

3.2　过滤器

Servlet 过滤器（Filter）技术是从 Servlet 2.3 规范开始引入的。与 Servlet 技术一样，Servlet 过滤器也是一种 Web 应用程序组件，可以部署在 Web 应用程序中，但与其他的 Web 组件不同的是，过滤器是“链”在容器的处理过程中的。这意味着过滤器能够在 Servlet 或其他 Web 资源被调用之前访问 request 对象，调用之后访问 response 对象，所以它能够对 Servlet 容器的请求和响应对象进行检查或是修改其内容，过滤器逻辑视图如图 3.22 所示。

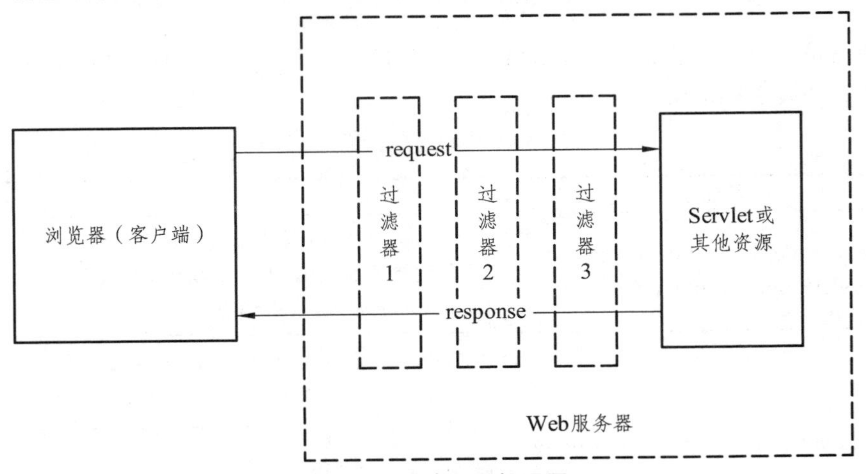

图 3.22　过滤器逻辑视图

过滤器通过在 web.xml（部署描述符）文件中的<filter>和<filter-mapping>标签或者在程序中使用注解@WebFilter 声明。当 Web 容器启动 Web 应用程序时，它会为部署描述符中声明的每一个过滤器创建一个实例。Filter 的执行顺序与在 web.xml 配置文件中的配置顺序一致，一般把 Filter 配置在所有的 Servlet 之前。

Servlet 过滤器本身并不产生请求和响应对象，它只是提供过滤作用。Servlet 过滤器能在 Web 资源被调用之前检查 request 对象，修改 request 头信息或是 request 内容；在 Servlet 被调用之后，检查 response 对象，修改 response 头信息或 response 内容。

Servlet 过滤器也可以设置多个，组成过滤链。

3.2.1 过滤器执行流程

当 Web 服务器接收到一个请求后，将会判断此请求路径是否匹配到一个过滤器配置，如果匹配到，则服务器会把请求交给相关联的过滤器处理。过滤处理之后，Web 服务器会判断是否有另一个关联的过滤器，如果存在继续交给下个处理，最后调用客户需要访问的 Web 资源，如 JSP 或 Servlet。在返回给客户端的过程中，首先同样经过关联的过滤器，只是顺序与请求到来时相反。

过滤器可以进行请求的权限判断，还可以处理文本乱码问题。页面表单通常提交的数据编码是“ISO8859-1”，而对于中文系统来说我们需要接收页面的中文输入，为了能够正确获取页面的数据，需要在接收请求的资源中做编码设置与转换，这在多个请求资源中都需要相同的操作，操作繁琐。而使用过滤器可以只需要一次设置，整个 Web 都可用。过滤器还有很多的其他用途，例如 XML 转换过滤、数据压缩过滤、图像转换过滤、加密过滤、请求与响应封装等。

3.2.2 过滤器使用

过滤器是一个实现了 javax.servlet.Filter 接口的 Java 类。javax.servlet.Filter 接口定义了三个方法，如表 3.3 所示。

表 3.3 Filter 接口的方法

方法	说明
public void doFilter（ServletRequest, ServletResponse, FilterChain）	该方法完成实际的过滤操作，当客户端请求方法与过滤器设置匹配的 URL 时，Servlet 容器将先调用过滤器的 doFilter 方法。FilterChain 用户访问后续过滤器
public void init（FilterConfig filterConfig）	Web 应用程序启动时，Web 服务器将创建 Filter 的实例对象，并调用其 init 方法，读取 web.xml 配置，完成对象的初始化功能，从而为后续的用户请求做好拦截的准备工作（filter 对象只会创建一次，init 方法也只会执行一次）。开发人员通过 init 方法的参数，可获得代表当前 filter 配置信息的 FilterConfig 对象
public void destroy（）	Servlet 容器在销毁过滤器实例前调用该方法，在该方法中释放 Servlet 过滤器占用的资源

Filter 的 init 方法中提供了一个 FilterConfig 对象。如 web.xml 文件配置如下：

```
<filter>
    <filter-name>LogFilter</filter-name>
    <filter-class>com.cn.LogFilter</filter-class>
    <init-param>
        <param-name>enchoding</param-name>
        <param-value>UTF-8</param-value>
    </init-param>
</filter>
```

在 init 方法使用 FilterConfig 对象获取参数：

```
public void  init(FilterConfig config) throws ServletException {
    // 获取初始化参数
    String enchoding = config.getInitParameter("enchoding");
    // 输出初始化参数
    System.out.println("字符编码是:"+ enchoding);
}
```

【例 3.6】过滤器进行用户权限控制：在项目中有一张图片，只有请求参数 name 的值等于张三才可以查看图片。

（1）新建名称为 chapter3_filter 的 Web 工程，在 chapter3_filte 目录下新建名称为 image 的文件夹，image 文件夹下放入一张猫的图片，命名为 cat.jpg。

（2）新建一个名称为 AuthFilter 的类，实现 javax.servlet.Filter 接口，覆盖 destroy（ ）、init（ ）、doFilter（ ）方法，并在 web.xml 文件中配置过滤器。代码如下所示。

AuthFilter.java 内容：

```
package chapter3_filter;

import java.io.IOException;
import java.io.PrintWriter;
import javax.servlet.*;

public class AuthFilter implements Filter {
     private String name;
    @Override
    public void destroy() {

    }

    @Override
```

```
    public void doFilter(ServletRequest request, ServletResponse response, FilterChain filterChain)
            throws IOException, ServletException {
            //获取请求参数
            String name = request.getParameter("name");
             if(this.name.equals(name)) {
                filterChain.doFilter(request, response);
             }else {
                response.setContentType("text/html;charset=GBK");
                    //在页面输出响应信息
                PrintWriter out = response.getWriter();
                out.print("<b>name 不正确，请求被拦截，不能访问 web 资源</b>");
             }
    }
    @Override
    public void init(FilterConfig filterConfig) throws ServletException {
            //读取初始化参数
            this.name = filterConfig.getInitParameter("name");
    }
}
```

web.xml 文件内容：

```
<filter>
    <filter-name>auth</filter-name>
    <filter-class>chapter3_filter.AuthFilter</filter-class>
    <init-param>
       <param-name>name</param-name>
       <param-value>张三</param-value>
    </init-param>
  </filter>

  <filter-mapping>
       <filter-name>auth</filter-name>
       <url-pattern>/*</url-pattern>
  </filter-mapping>
```

（3）部署工程并启动 Tomcat，在浏览器的地址栏中输入 http://localhost:8080/chapter3_filter/image/cat.jpg，执行结果如图 3.23 所示。在浏览器地址栏中再输入 http://localhost:8080/chapter3_filter/image/cat.jpg?name=张三，执行结果如图 3.24 所示。

图 3.23　没有 name 参数的执行结果

图 3.24　带 name 参数并且值为张三执行结果

程序说明：

在 web.xml 文件中配置的 AuthFilter 的路径是/*，则意味着请求所有的 Web 资源都需要经过过滤器，并且配置了过滤器的初始化参数，参数名称是 name，值是张三，在 Web 服务器（Tomcat）启动时首先执行 init（）方法（只执行一次），读取初始化参数并赋值给对象的成员变量 name。当请求 cat.jpg 会执行 doFilter 方法，在 doFilter 方法体内，通过 request 获取请求参数 name 的值，然后和对象的成员变量进行比较（比较请求参数是否有 name 并且值等于张三），如果相等就可以访问请求的图片，否则向浏览器输出“name 不正确，请求被拦截，不能访问 web 资源”。所以第一次请求访问 cat.jpg 时没有带 name 参数，返回的结果如图 3.23 所示。第二次请求访问 cat.jpg 时带了 name 参数并且值等于张三，则可以正常访问 cat.jpg 图片，如图 3.24 所示。

对于配置多个过滤器的情况下过滤器的执行顺序由 web.xml 文件中 filter-mapping 元素的顺序决定。

3.3　Servlet 监听器

Servlet 监听器是 Servlet 规范中定义的一种特殊类，用于监听 ServletContext、

HttpSession 和 ServletRequest 等域对象的创建与销毁事件，以及监听这些对象中属性发生修改的事件。可以在事件发生前、发生后进行一些处理，一般可以用来统计在线人数和在线用户、统计网站访问量、系统启动时初始化信息等。表 3.4 所示列出了 Servlet 的监听器。

表 3.4　Servlet 监听器

Listener 接口	Event 类	监听对象
ServletContextListener	ServletContextEvent	application，整个应用只存在一个
ServletContextAttributeListener	ServletContextAttributeEvent	
HttpSessionListener	HttpSessionEvent	session，针对每一个对话
HttpSessionActivationListener		
HttpSessionAttributeListener	HttpSessionBindingEvent	
HttpSessionBindingListener		
ServletRequestListener	ServletRequestEvent	request，针对每一个客户请求
ServletRequestAttributeListener	ServletRequestAttributeEvent	

【例 3.7】监听 request 作用域。

（1）新建名称为 chapter3_listener 的 Web 工程，在工程的 WebContent 目录下新建名称为 index.jsp，在 src 目录下新建名称为 RequestCycleListener 类并实现 ServletRequestListener 接口，在 requestInitialized 方法中打印请求的地址，在 requestDestroyed 方法中打印“请求销毁”。index.jsp 和 RequestCycleListener 内容如下所示。

Index. jsp 页面容：

```
<!--index.jsp-->
    <%@ page language="java" contentType="text/html; charset=UTF-8"
        pageEncoding="UTF-8"%>
  <!DOCTYPE html>
  <html>
  <head>
  <meta charset= "UTF-8">
  <title>监听 request 作用域</title>
  </head>
  <body>
    <H4>监听 request 作用域</H4>
  </body>
  </html>
```

```
RequestCycleListener.java 内容：
package chapter3_listener;

import javax.servlet.ServletRequestEvent;
import javax.servlet.ServletRequestListener;
import javax.servlet.http.HttpServletRequest;

public class RequestCycleListener implements ServletRequestListener {
    @Override
    public void requestDestroyed(ServletRequestEvent event) {
        //监听 request 对象的销毁
        System.out.println("请求销毁");
    }
    @Override
    public void requestInitialized(ServletRequestEvent event) {
        HttpServletRequest hsp = (HttpServletRequest)event. getServletRequest();
        System.out.println("请求产生"+hsp.getRequestURI());
    }
}
```

（2）在 web.xml 文件中配置监听器：

```
<listener>
    <listener-class>chapter3_listener.RequestCycleListener</listener-class>
</listener>
```

（3）部署工程并启动 Tomcat，在浏览器中输入 http://localhost:8080/chapter3_listener/index.jsp，控制台输出结果如图 3.25 所示。

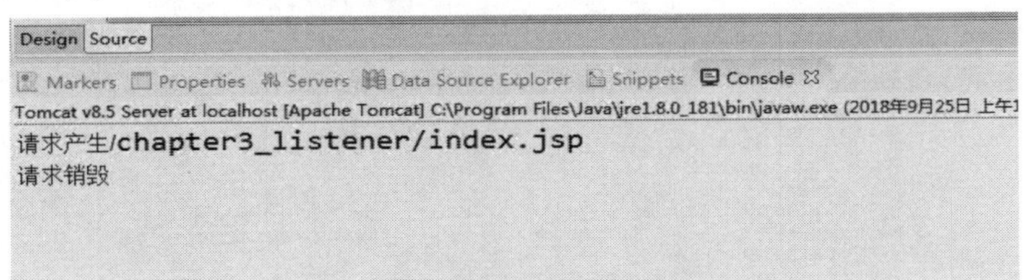

图 3.25　监听 request 作用域

程序说明：

要监听 request 作用域，新建一个类并且实现 ServletRequestListener 接口。ServletRequestListener 接口有两个方法，分别是 requestInitialized（ ）和 requestDestroyed（ ）方法。当浏览器发起请求产生了 request 对象，触发执行 requestInitialized（ ）方法。在本例中，获取

到 HttpServletRequest 对象，并输出了请求的 URL，通过该对象可以进一步获取请求的参数等数据。Web 服务器接收到请求并做出响应之后，触发执行 requestDestroyed（ ）方法。在本程序中输出了“请求销毁”。监听器必须在 web.xml 文件中配置或者用注解的方式（@WebListener）声明才能起作用。

【例 3.8】监听 ServletContext 作用域。

（1）在例 3.7 工程的基础上，在 src/chapter3_listener 目录下新建类 SystemListener 并实现 ServletContextListener 接口。SystemListener 类内容如下所示：

```
package chapter3_listener;
import javax.servlet.ServletContextEvent;
import javax.servlet.ServletContextListener;
public class SystemListener implements ServletContextListener {
    @Override
    public void contextDestroyed(ServletContextEvent arg0) {
        System.out.println("上下文对象销毁");
    }
    @Override
    public void contextInitialized(ServletContextEvent arg0) {
        System.out.println("上下文对象产生");
    }
}
```

（2）在 web.xml 文件中配置监听器：

```
<listener>
    <listener-class>chapter3_listener.SystemListener</listener-class>
</listener>
```

（3）启动 Tomcat 和停止 Tomcat，运行结果如图 3.26 所示。

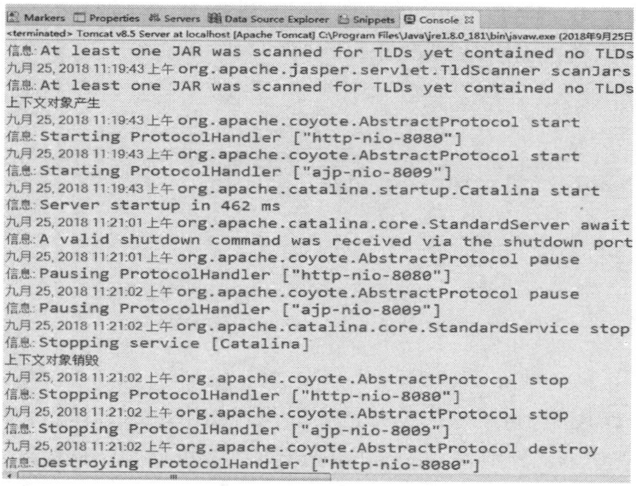

```
Markers  Properties  Servers  Data Source Explorer  Snippets  Console
<terminated> Tomcat v8.5 Server at localhost [Apache Tomcat] C:\Program Files\Java\jre1.8.0_181\bin\javaw.exe (2018年9月25日
信息: At least one JAR was scanned for TLDs yet contained no TLDs
九月 25, 2018 11:19:43 上午 org.apache.jasper.servlet.TldScanner scanJars
信息: At least one JAR was scanned for TLDs yet contained no TLDs
上下文对象产生
九月 25, 2018 11:19:43 上午 org.apache.coyote.AbstractProtocol start
信息: Starting ProtocolHandler ["http-nio-8080"]
九月 25, 2018 11:19:43 上午 org.apache.coyote.AbstractProtocol start
信息: Starting ProtocolHandler ["ajp-nio-8009"]
九月 25, 2018 11:19:43 上午 org.apache.catalina.startup.Catalina start
信息: Server startup in 462 ms
九月 25, 2018 11:21:01 上午 org.apache.catalina.core.StandardServer await
信息: A valid shutdown command was received via the shutdown port
九月 25, 2018 11:21:01 上午 org.apache.coyote.AbstractProtocol pause
信息: Pausing ProtocolHandler ["http-nio-8080"]
九月 25, 2018 11:21:02 上午 org.apache.coyote.AbstractProtocol pause
信息: Pausing ProtocolHandler ["ajp-nio-8009"]
九月 25, 2018 11:21:02 上午 org.apache.catalina.core.StandardService stop
信息: Stopping service [Catalina]
上下文对象销毁
九月 25, 2018 11:21:02 上午 org.apache.coyote.AbstractProtocol stop
信息: Stopping ProtocolHandler ["http-nio-8080"]
九月 25, 2018 11:21:02 上午 org.apache.coyote.AbstractProtocol stop
信息: Stopping ProtocolHandler ["ajp-nio-8009"]
九月 25, 2018 11:21:02 上午 org.apache.coyote.AbstractProtocol destroy
信息: Destroying ProtocolHandler ["http-nio-8080"]
```

图 3.26　监听 ServletContext 作用域

程序说明：

ServletContextListener 监听器主要监听 ServletContext 域对象的创建和销毁。要实现监听 ServletContext，需要新建一个类并且实现 ServletContextListener 接口。在 ServletContextListener 接口中有两个方法，分别是 contextInitialized（ ）和 contextDestroyed（ ）方法。在本例中 contextInitialized（ ）方法在 Tomcat 服务器启动完成自动触发执行，contextDestroyed（ ）方法在服务器销毁时触发执行。在图 3.26 中可以看到当 Tomcat 服务器启动完成后再控制台输出了“上下文对象产生”，而在停止 Tomcat 服务器时在控制台输出“上下文对象销毁”。

3.4　本章小结

Servlet 作为 JavaEE 三大组件之一，在 JavaEE 编程开发中具有重要地位。学好 Servlet 技术，可以为 JSP 技术的学习打下良好的基础。在理解 Servlet 的基础概念、基本原理的基础上，还要熟练掌握处理客户端输入、获取 Servlet 配置参数、会话管理、过滤器、监听器等编程技巧。

通过本章学习，读者可以对 Servlet 的基础概念、基本原理有深刻的理解。

习　题

1. 简述什么是 Servlet。
2. 简述 Servlet 与 CGI 的区别。
3. 简述 Servlet 与 JSP 的区别。
4. 简述过滤器的作用。
5. 简述使用 JSP、Servlet、过滤器实现登录购物车程序。

第 4 章　JDBC 数据库编程

【本章学习目标】

掌握 SQL 语言基本语句的使用方法；
熟练掌握 MySQL 的基本操作；
熟练掌握 JDBC 数据库的编程方法，会进行应用程序开发。

4.1　JDBC 概述

JDBC 全称为 Java DataBase Connectivity（java 数据库连接），可以为多种数据库提供统一的访问平台。JDBC 是 SUN 公司（已被甲骨文收购）开发的一套数据库访问编程接口，是一种 SQL 级的 API，它是由 Java 语言编写完成，所以具有很好的跨平台特性，使用 JDBC 编写的数据库应用程序可以在任何支持 Java 的平台上运行，而不必在不同的平台上编写不同的应用程序。

JDBC 的主要功能如下：

（1）建立与数据库或者其他数据源的连接；

（2）向数据库发送 SQL 命令；

（3）处理数据库的返回结果。

4.1.1　JDBC 原理

SUN 公司提供了一套访问数据库的规范（就是一组接口），并提供连接数据库的协议标准，然后各个数据库厂商遵循该规范提供一套访问自己数据库服务器的 API。SUN 提供的规范命名为 JDBC，而各个厂商提供的，遵循了 JDBC 规范的，可以访问自己数据库的 API 被称之为驱动。JDBC 是接口，而 JDBC 驱动才是接口的实现，没有驱动无法完成数据库连接。每个数据库厂商都有自己的驱动，用来连接自己公司的数据库。图 4.1 所示展示了 JDBC 结构图。

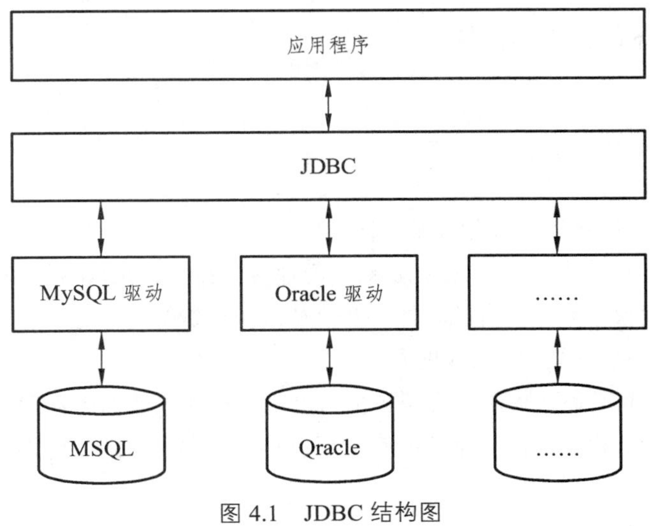

图 4.1　JDBC 结构图

4.1.2　JDBC 驱动分类

JDBC 本身提供了一套数据库操作的标准，而这些标准需要数据库厂商实现，所以每一个数据库厂商都会提供一个 JDBC 驱动程序，目前比较常见的 JDBC 驱动可以分为以下四类。

1. JDBC-ODBC 桥驱动

JDBC-ODBC 是 SUN 提供的一个标准的 JDBC 操作，直接用微软的 ODBC 进行数据库连接操作。但是这种操作性能较低，所以通常情况下不推荐使用这种方式进行操作。

2. JDBC 本地驱动

直接使用各个数据库厂商提供的 JDBC 驱动程序，只能应用在特定的数库上，会失去程序的可移植性，但是这样的操作性能比较高。

3. JDBC 网络驱动

这种驱动将 JDBC 转换为与 DBMS 无关的网络协议，之后又被某个服务器转换为一种 DBMS 协议。这种网络服务器中间件能够将它的纯 JAVA 客户机连接到多种不同的数据库上。所用的具体协议取决于提供者。

4. 本地协议纯 JDBC 驱动

这种类型的驱动程序将 JDBC 调用直接转换为 DBMS 所使用的网络协议。这将允许从客户机机器上直接调用 DBMS 服务器，是 Intranet 访问的一个很实用的解决办法。

4.2 MySQL 数据库

4.2.1 MySQL 简介

MySQL 是一个轻量级关系型数据库管理系统，由瑞典 MySQL AB 公司开发，目前属于 Oracle（甲骨文）公司。目前 MySQL 被广泛地应用在 Internet 上的中小型网站中，由于具有体积小，速度快，总体拥有成本低，开放源码，免费等特性，一般中小型网站的开发都选择 Linux + MySQL 作为网站数据库。

MySQL 是一个关系型数据库管理系统，也是一种关联数据库管理系统，关联数据库将数据保存在不同的表中，而不是将所有数据放在一个大仓库内，这样就增加了速度并提高了灵活性。

MySQL 特性包括：

（1）使用 C 和 C++编写，并使用了多种编译器进行测试，保证源代码的可移植性。

（2）支持 AIX、FreeBSD、HP-UX、Linux、Mac OS、Novell Netware、OpenBSD、OS/2 Wrap、Solaris、Windows 等多种操作系统。

（4）为多种编程语言提供了 API。编程语言包括 C、C++、Python、Java、Perl、PHP、Eiffel、Ruby 和 Tcl 等。

（4）支持多线程，充分利用 CPU 资源。

（5）优化的 SQL 查询算法，能有效地提高查询速度。

（6）既能够作为一个单独的应用程序应用在客户端服务器网络环境中，也能够作为一个库而嵌入到其他的软件中提供多语言支持，常见的编码如中文的 GB2312、BIG5，日文的 Shift_JIS 等都可以用作数据表名和数据列名。

（7）提供 TCP/IP、ODBC 和 JDBC 等多种数据库连接途径。

（8）提供用于管理、检查、优化数据库操作的管理工具。

（9）可以处理拥有上千万条记录的大型数据库。

4.2.2 MySQL 基本操作

MySQL 安装完毕后，需要启动 MySQL 服务器进程，不然客户端无法连接到数据库，客户端通过命令行工具登录数据库。

1. MySQL 服务器的启动与关闭

1）启动 MySQL 服务器

单击“开始”→“运行”，输入“cmd”，然后在命令提示符下输入“net start MySQL”指令。

2）连接 MySQL 服务器

指令格式：

MySQL-u 数据库用户名 – h 数据库主机地址 – p 数据库密码

3）关闭 MySQL 服务器

单击“开始”→“运行”，输入“cmd”，然后在命令提示符下输入“net stop MySQL”指令。

2. 操作 MySQL 数据库

1）创建数据库

指令格式：

create database 数据库名；

【例 4.1】创建名称为 school 的数据库。

create database school;

运行结果如图 4.2 所示。

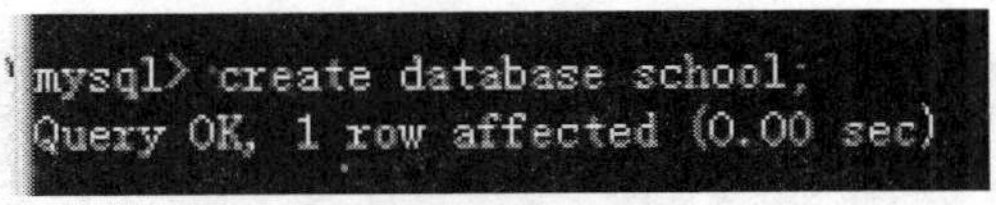

```
mysql> create database school;
Query OK, 1 row affected (0.00 sec)
```

图 4.2　运行结构

2）查看数据库

指令格式：

show databases；

【例 4.2】查看所有数据库。

show databases;

运行结果如图 4.3 所示。

```
mysql> show databases;
+--------------------+
| Database           |
+--------------------+
| information_schema |
| ias                |
| mysql              |
| nationclu          |
| performance_schema |
| poorfiledb         |
| school             |
| smartmaintain      |
| sys                |
| test               |
+--------------------+
10 rows in set (0.00 sec)
```

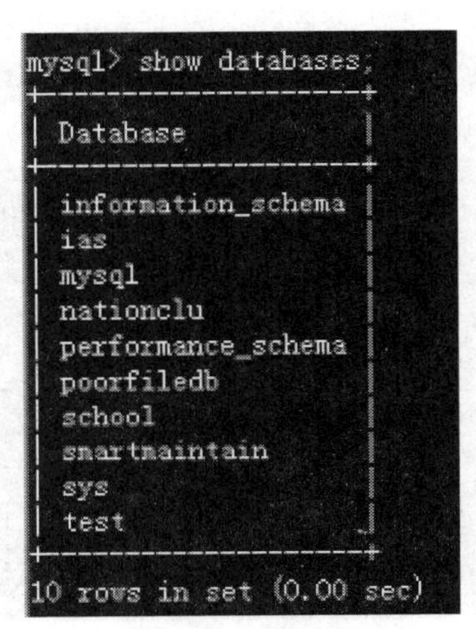

图 4.3　运行结果

3）选择指定数据库

指令格式：

use 数据库名；

【例 4.3】指定 school 数据库。

use school;

运行结果如图 4.4 所示。

```
mysql> use school
Database changed
mysql> _
```

图 4.4 运行结果

4）删除数据库

drop database 数据库名；

【例 4.4】删除 school 数据库。

drop database school;

运行结果如图 4.5 所示。

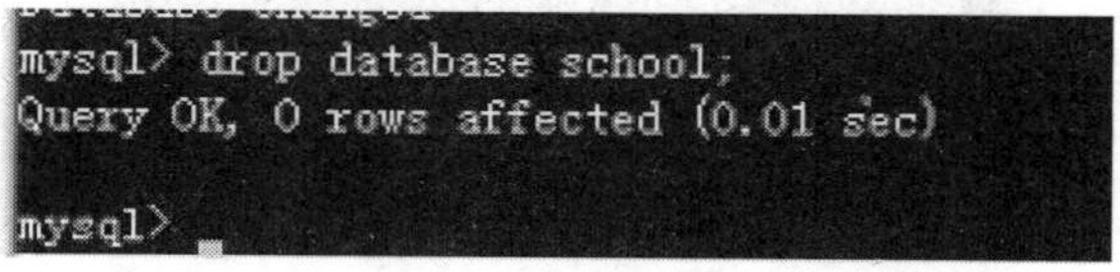

```
mysql> drop database school;
Query OK, 0 rows affected (0.01 sec)

mysql> _
```

图 4.5 运行结果

注：操作 MySQL 数据库命令最后必须以英文分号结束。

3. 操作 MySQL 数据表

1）创建表

create table 表名（列名称 列数据类型 列属性，...）；

【例 4.5】创建 school 数据库，选定 school 数据库，创建 student 表。

运行过程及结果如图 4.6 所示。

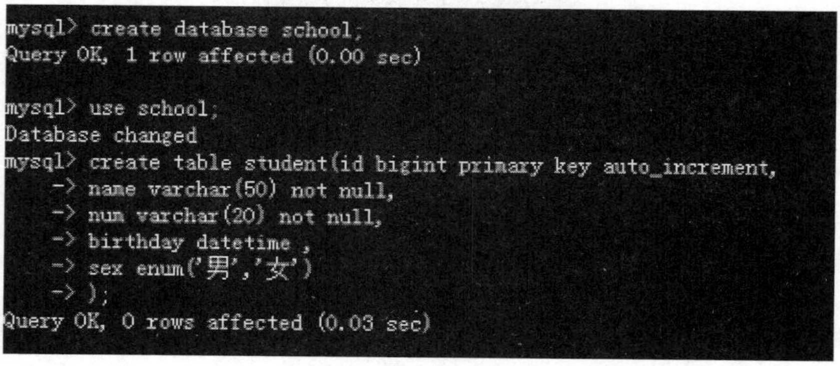

```
mysql> create database school;
Query OK, 1 row affected (0.00 sec)

mysql> use school;
Database changed
mysql> create table student(id bigint primary key auto_increment,
    -> name varchar(50) not null,
    -> num varchar(20) not null,
    -> birthday datetime ,
    -> sex enum('男','女')
    -> );
Query OK, 0 rows affected (0.03 sec)
```

图 4.6 运行过程及结果

2）查看数据库中的表

指令格式

show tables;

【例 4.6】显示 school 数据库中所有表。

运行过程及结果如图 4.7 所示。

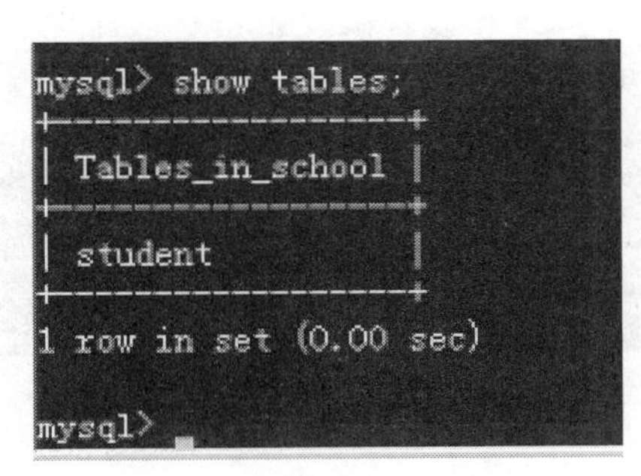

图 4.7　运行过程及结果

注：前提是使用 use database 数据库；

3）查看数据表结构

describe 表名；

【例 4.7】查看 student 表的结构。

运行过程及结果如图 4.8 所示。

```
mysql> describe student;
+----------+-----------------+------+-----+---------+----------------+
| Field    | Type            | Null | Key | Default | Extra          |
+----------+-----------------+------+-----+---------+----------------+
| id       | bigint(20)      | NO   | PRI | NULL    | auto_increment |
| name     | varchar(50)     | NO   |     | NULL    |                |
| num      | varchar(20)     | NO   |     | NULL    |                |
| birthday | datetime        | YES  |     | NULL    |                |
| sex      | enum('男','女') | YES  |     | NULL    |                |
+----------+-----------------+------+-----+---------+----------------+
5 rows in set (0.00 sec)

mysql>
```

图 4.8　运行过程及结果

4）修改数据表结构

指令格式：

alter table 表名

add [column] create_definition [first | after column_name]　　//添加新字段

add primary key （index_col_name，...）　　//添加主码名称

alter [column] col_name {set default literal |rop default}　　//修改字段名称

change [column] old_col_name create_definition //修改字段名及类型
modify [column] create_definition //修改字段类型
drop [column] col_name //删除字段
drop primary key //删除主码
rename [as] new_tablename //更改表名

【例 4.8】删除 student 表的 sex 字段，修改 num 字段属性不能为空。

运行过程及结果如图 4.9 所示。

```
mysql> alter table student change num num varchar(20) not null, drop column sex;

Query OK, 0 rows affected (0.15 sec)
Records: 0  Duplicates: 0  Warnings: 0

mysql>
```

图 4.9 运行过程及结果

5）删除指定数据表

指令格式：

drop table 表名；

【例 4.9】删除 student 表。

运行过程及结果如果如图 4.10 所示。

```
mysql> drop table student;
Query OK, 0 rows affected (0.01 sec)

mysql>
```

图 4.10 运行过程及结果

4. 操作 MySQL 数据

1）添加表数据

指令格式：

语法 1：insert into 表名 values（值 1，值 2，...）（自增长的列不需要列出）

语法 2：insert into 表名（字段 1，字段 2，...）values （值 1，值 2，...）

语法 3：insert into 表名 set 字段 1=值 1，字段 2=值 2，...

【例 4.10】新建 school 数据库，在 school 数据库中创建 student 表，表中字段见例 4.5。然后向 student 表插入一条记录。

运行过程及结果如图 4.11 所示。

```
mysql> insert into student(name,num,birthday,sex) values('张三','130256','1997-0
2-05','男');
Query OK, 1 row affected (0.00 sec)

mysql>
```

图 4.11 运行过程及结果

2）更新表数据

指令格式：

update 表名 set 字=值 where 查询条件；

注：若无查询条件，表中所有数据行都会被修改。

【例 4.11】修改学号为 130256 的记录的姓名为李四。

运行过程及结果如图 4.12 所示。

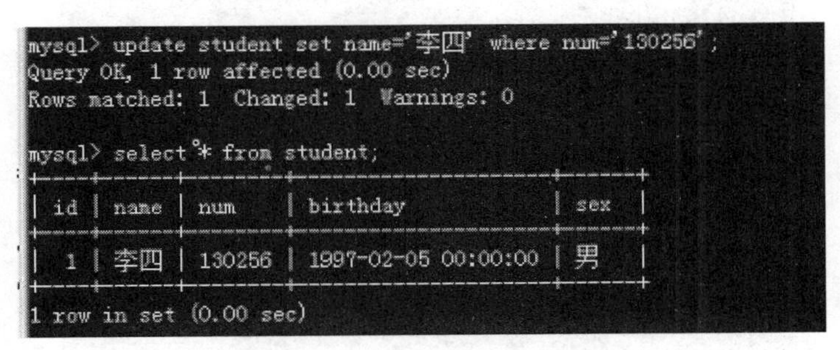

图 4.12　运行过程及结果

3）删除表数据

指令格式：

delete from 表名 where 查询条件

注：若无查询条件，表中所有数据行都会被删除。

【例 4.12】删除学号为 130256 的记录。

运行过程及结果如图 4.13 所示。

```
mysql> delete from student where num='130256';
Query OK, 1 row affected (0.02 sec)

mysql> select * from student;
Empty set (0.00 sec)

mysql>
```

图 4.13　运行过程及结果

4）查询表数据

指令格式：

select * from 表名；

5）分页查询记录数

指令格式：

select * from 表名 limit start，length；

start：表示从第几行记录开始输出，0 表示第 1 行。

length：表示每次查询最多多少条记录。

【例 4.13】向 student 表中插入 4 条记录，每次查询 2 条记录。

运行过程及结果如图 4.14 所示。

```
mysql> insert into student(name,num,birthday,sex)
    ->             values('张三','130256','1998-02-05','男'),
    ->                   ('李四','130257','1997-06-05','男'),
    ->                         ('张三','130258','1995-05-15','男'),
    ->                         ('张三','130259','1994-03-05','男');
Query OK, 4 rows affected (0.03 sec)
Records: 4  Duplicates: 0  Warnings: 0

mysql> select * from student;
+----+------+--------+---------------------+-----+
| id | name | num    | birthday            | sex |
+----+------+--------+---------------------+-----+
|  2 | 张三 | 130256 | 1998-02-05 00:00:00 | 男  |
|  3 | 李四 | 130257 | 1997-06-05 00:00:00 | 男  |
|  4 | 张三 | 130258 | 1995-05-15 00:00:00 | 男  |
|  5 | 张三 | 130259 | 1994-03-05 00:00:00 | 男  |
+----+------+--------+---------------------+-----+
4 rows in set (0.00 sec)

mysql> select * from student limit 0,2;
+----+------+--------+---------------------+-----+
| id | name | num    | birthday            | sex |
+----+------+--------+---------------------+-----+
|  2 | 张三 | 130256 | 1998-02-05 00:00:00 | 男  |
|  3 | 李四 | 130257 | 1997-06-05 00:00:00 | 男  |
+----+------+--------+---------------------+-----+
2 rows in set (0.00 sec)

mysql> select * from student limit 2,2;
+----+------+--------+---------------------+-----+
| id | name | num    | birthday            | sex |
+----+------+--------+---------------------+-----+
|  4 | 张三 | 130258 | 1995-05-15 00:00:00 | 男  |
|  5 | 张三 | 130259 | 1994-03-05 00:00:00 | 男  |
+----+------+--------+---------------------+-----+
2 rows in set (0.00 sec)
```

图 4.14　运行过程及结果

4.3　JDBC 编程步骤

JDBC API 提供了以下接口和类：

DriverManager：管理数据库驱动程序的列表，用来管理不同的 JDBC 驱动程序，不同的驱动程序须到 DriverManager 中注册，以便使用。

Driver：表示驱动程序，由它来与数据库打交道，不同的数据库供应商通常会提供基于 JDBC 接口规范的驱动程序。

Connection：用来实现将应用程序连接到特定的数据库，一个 Connection 对象表示一个特定数据库上建立的一个连接，实际上也是由它来创建不同的声明对象（Statement 对象、PreparedStatement 对象、CallableStatement 对象），进而来执行特定的 SQL 语句。

Statement：在一个给定的连接中，用于执行一个数据库 SQL 语句并返回相应结果的对象。

主要方法有：

（1）boolean execute(String sql) throws SQLException

（2）ResultSet executeQuery(String sql) throws SQLException

（3）int executeUpdate(String sql) throws SQLException

ResultSet：是 SQL 语句执行后，返回的数据结果集。该结果集可以通过特定的方法来进行访问。对象中具有指向当前数据行的指针。最初，指针被置于第一行之前。

主要方法有：

（1）boolean absolute(int row) throws SQLException

（2）boolean next()throws SQLException

SQLException：该类用于处理发生在数据库应用程序中的任何错误。

JDBC 工作流程：如图 4.15 所示。

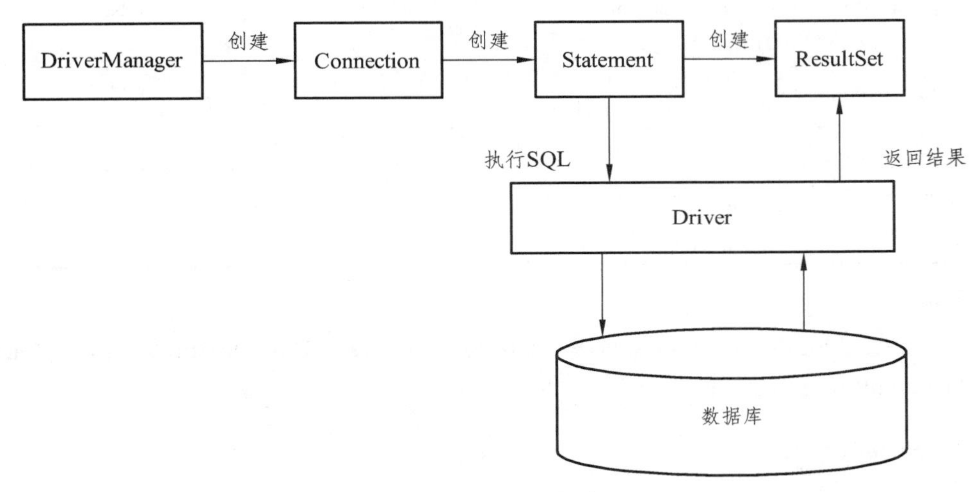

图 4.15　JDBC 工作流程

下面介绍用 JDBC 访问数据库的步骤。

1. 与数据库建立连接

如果要对数据库进行操作，必须首先加载 JDBC 驱动程序，然后与数据库进行连接并创建一个 Connection 对象。加载驱动程序通过调用 Class.forName( )完成，例如加载 MySQL 数据库驱动程序：

Class.forName（"com.mysql.jdbc.Driver"）;

DriverManager 类管理各种数据库驱动程序，并负责建立新的数据库连接，JDBC 建立数据库连接的方法包括：

DriverManager.getConnection（String url）;

DriverManager.getConnection（String url，Properties properties）;

DriverManager.getConnection（String url，String user，String password）;

其中 url 指出使用哪个驱动程序以及连接数据所需得其他信息。其格式为：

jdbc:subprotocol://[host:port]，[host:port].../[database][?参数名 1][=参数值 1][&参数名 2][=参数值 2]...

下面列举几个重要的连接 MySQL 数据库的参数，如表 4.1 所示。

表 4.1　连接 MySQL 数据库参数

参数名称	参数说明	缺省值
user	数据库用户名（用于连接数据库）	
password	用户密码（用于连接数据库）	
useUnicode	是否使用 Unicode 字符集，如果参数 characterEncoding 设置为 gb2312 或 gbk，本参数值必须设置为 true	false
characterEncoding	当 useUnicode 设置为 true 时，指定字符编码。比如可设置为 gb2312 或 gbk	false
autoReconnect	当数据库连接异常中断时，决定是否自动重新连接	false
maxReconnects	当 autoReconnect 设置为 true 时，设置重试连接的次数	3

例如：

jdbc:mysql://localhost:3306/test?user=root&password=&useUnicode=true&characterEncoding=gbk&autoReconnect=true

2. 数据库操作

1）Statement

建立了到特定数据库的连接之后，就可用该连接发送 SQL 语句。

Statement 接口提供了三种执行 SQL 语句的方法：executeQuery、executeUpdate 和 execute。使用哪一个方法由 SQL 语句所产生的内容决定。

executeQuery：用于产生单个结果集的语句，例如 select 语句。

executeUpdate：用于执行 insert、update 或 delete 语句以及 SqlDDL（数据定义语言）语句，例如 create table 和 drop table。insert、update 或 delete 语句的效果是修改表中零行或多行中的一列或多列。executeUpdate 的返回值是一个整数，指示受影响的行数（即更新计数）。对于 create table 或 drop table 等不操作行的语句，executeUpdate 的返回值总是为零。

execute：用于执行任何 SQL 语句，返回一个 boolean 值，表明执行该 SQL 语句是否返回了 ResultSet。如果执行后第一个结果是 ResultSet，则返回 true，否则返回 false。

与数据库建立连接之后就可以对数据库进行操作了。接下来在 Eclipse 中创建名称为 JDBC 的 Web 工程，并将工程部署到 Tomcat。

【例 4.14】使用 Statement 在 MySQL 数据库中创建名称为 studentDB 数据库。

（1）在浏览器地址栏输入 https://www.mysql.com/products/connector/，下载 JDBC 的

MySQL 驱动程序。解压后将文件 mysql-connector-java-5.1.47-bin.jar 放入“JDBC 工程”→“WebContent”→“WEB-INF”→“lib”目录下。在 JDBC 的 Web 工程的 src 目录下新建 DBUtil.java 文件，在 WebContent 目录下新建 createDB.jsp 文件。DBUtil.java 和 createDB.jsp 的内容如下所示：

// DBUtil.java

```
 package com.cn;
import java.sql.*;
public class DBUtil {
  //定义连接 MYSQL 数据库的 URL
  private static final String MYSQL_URL = "jdbc:mysql://localhost:3306/";
  //连接数据库用户名
  private static final String USER = "root";
  //连接数据库密码
  private static final String PASSWORD ="root";
  static {
        try {
              //加载数据库驱动程序
              Class.forName("com.mysql.jdbc.Driver");
        } catch (ClassNotFoundException e) {
              e.printStackTrace();
        }
  }

  public static boolean CreateDB()throws SQLException {
         Connection conn = null;
         Statement statement = null;
         String sql = "create database studentDB";
        try {
              //获取数据库连接
              conn = DriverManager.getConnection(MYSQL_URL, USER, PASSWORD);
              //创建 Statement 对象执行 SQL 语句
        statement = conn.createStatement();
        //执行 SQL
              statement.execute(sql);
              return true;
        } catch (SQLException e) {
              e.printStackTrace();
        }finally {
              if(statement != null) {
```

```
                statement.close();
            }
            if(conn != null) {
                conn.close();
            }
        }
        return false;
    }

}
```

//createDB.jsp

```
<%@ page language="java" contentType="text/html; charset=UTF-8"
pageEncoding="UTF-8"
import="com.cn.DBUtil"
%>
<!DOCTYPE html>
<html>
<head>
<meta charset="UTF-8">
<title>创建数据库</title>
</head>
<body>
    <%
        boolean isCreated = DBUtil.createDB();
    %>
    数据库 studentDB 创建：<%=isCreated%>
</body>
</html>
```

（2）启动 Tomcat，在浏览器的地址栏输入 http://localhost:8080/JDBC/createDB.jsp，可以看到如图 4.16 所示结果，通过 MySQLs 命令行工具登录并查看数据是否创建成功，如图 4.17 所示。

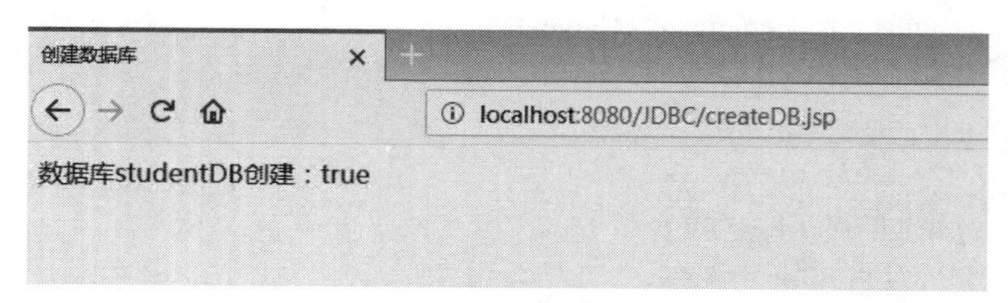

图 4.16　创建 studentDB 数据库

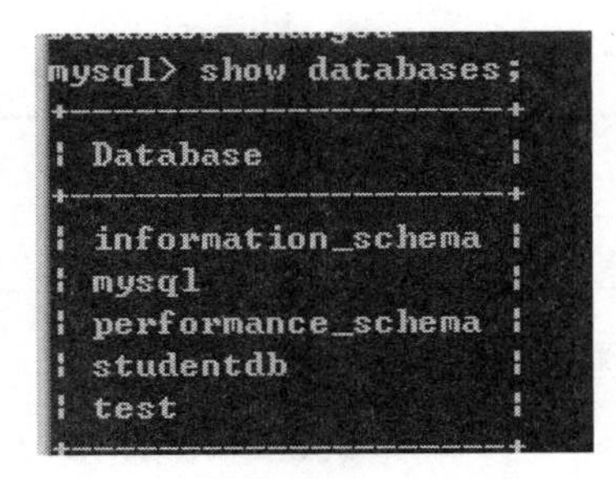

图 4.17　MySQL 命令查看 studentDB 数据库

程序说明：

在 DBUtil.java 类中首先定义了三个 final 的变量，分别是：

MYSQL_URL：连接 MySQL 数据库的 URL；

USER：连接数据库的用户名；

PASSWORD：连接数据的密码。

接着在 DBUtil 类中定义了静态块，用于加载数据库的驱动程序。然后定义了静态方法 createDB（ ），在 createDB（ ）方法内部声明了 Connection 类型的对象 conn 用于获取数据库连接，Statement 类型的对象 statement 用于执行创建数据库的 SQL 语句。conn 对象通过 DriverManager 类的静态方法 getConnection（ ）方法进行初始化，statement 对象通过 conn 对象创建，最后调用 execute（ ）方法执行创建数据库 SQL 语句。最后在执行完相应的 SQL 语句后先关闭 statement 对象，再关闭 conn 对象，释放资源。

在 createDB.jsp 页面中是通过 import 指令引入 DBUtil 类的，并使用 JSP 脚本调用 DBUtil 类的静态方法 createDB（ ）创建数据库，然后返回布尔值。如果成功返回 true，否则返回 false。

最后通过 JSP 表达式显示 studentDB 数据库是否创建成功。

Connection 接口常用方法如表 4.2 所示，Statement 接口常用方法如表 4.3 所示。

表 4.2　Connection 接口常用方法

方法	说明
createStatement（ ）	创建一个 Statement 对象来将 SQL 语句发送到数据库
prepareStatement（String sql）	预编译，创建一个 PreparedStatement 对象来将参数化的 SQL 语句发送到数据库
setAutoCommit（boolean autoCommit）	将此连接的自动提交模式设置为给定状态，False 为不自动提交
setSavepoint（ ）	在当前事务中创建一个未命名的保存点（savepoint），并返回表示它的新 Savepoint 对象
setTransactionIsolation（int level）	设置数据库隔离级别
close（ ）	立即释放此 ResultSet 对象的数据库和 JDBC 资源，而不是等待该对象自动关闭时发生此操作

表 4.3　Statement 接口常用方法

方法	说明
boolean execute（String sql）	可以执行任意 SQL 语句，然后获得一个布尔值
int executeUpdate（String sql）	可以执行插入，删除，更新等操作，返回值是执行该操作所影响的行数
ResultSet executeQuery（String sql）	执行 SQL 查询并获取到 ResultSet 对象
close（）	立即释放此 Statement 对象的数据库和 JDBC 资源，而不是等待该对象自动关闭时发生此操作

2）PreparedStatement

在需要频繁使用某个 SQL 语句时，PreparedStatement 类的作用即凸现出来。它是 Statement 的子类。执行的 SQL 语句是经过预编译的，所以执行效率高。

它能够使用带有占位符（？）的 SQL 语句，在使用时只需动态地传入参数就可以重复地使用该 SQL 语句了。该对象仍然是通过 Connection 对象来创建的，在创建该对象的同时，传入相应的 SQL 语句进行预编译。如：

PreparedStatement ps = conn.preparedStatement（“inset into dept（deptno，dname，loc）values（?，?，?））；

所以，在使用时，要用 set（）方法来设置占位符处的相应参数。

【例 4.15】使用 PreparedStatement 向数据库表插入数据。

（1）在例 4.14 基础上，通过 MySQL 命令行工具登录 studentDB 数据库，并创建 student 表，其字段以字段及属性如表 4.4 所示。

表 4.4　student 表结构

中文说明	字段名称	类型	是否为空	备注
主键	Id	Bigint	NO	自增
姓名	Name	Varchar（50）	NO	
学号	Num	Varchar（20）	NO	
性别	Sex	Enum（'男'，'女'）	YES	
出生日期	Birthday	Date	yes	
家庭地址	Address	Varchar（255）	yes	

（2）在 DBUtil 类中创建方法 save（），用于向 student 表中插入一条记录。

//save（）方法：

```
public static boolean save()throws SQLException {
    Connection conn = null;
    //声明 PreparedStatement 对象
```

```
            PreparedStatement ps = null;
            //声明要执行的 SQL 语句，其中问号是占位符
            String sql = "insert into student(name,num,sex,birthday,address) values(?,?,?,?,?)";
            try {
                //通过 DriverManager 获取 Connection 对象
                conn = DriverManager.getConnection(MYSQL_URL+"studentDB", USER,
PASSWORD);
                ps = conn.prepareStatement(sql);
                //设置占位符的值
                ps.setString(1, "张三");
                ps.setString(2, "130025");
                ps.setString(3, "男");
                ps.setString(4, "1995-02-12");
                ps.setString(5, "贵州省贵阳市");
                //执行 SQL 语句
                ps.execute();
                return true;
            } catch (SQLException e) {
                e.printStackTrace();
            }finally {
                if(ps != null) {
                    ps.close();
                }
                if(conn != null) {
                    conn.close();
                }
            }
            return false;
        }
```

程序说明：

在程序中声明了 PreparedStatement 接口变量 ps，PreparedStatement 接口继承自 Statement 接口，PreparedStatement 实例包含已编译的 SQL 语句，这就是使语句“准备好”。作为 Statement 的子类，PreparedStatement 继承了 Statement 的所有功能。另外它还添加了一整套方法，用于设置发送给数据库以取代 IN 参数占位符的值。同时，三种方法 execute、executeQuery 和 executeUpdate 已被更改，使之不再需要参数。这些方法的 Statement 形式（接受 SQL 语句参数的形式）不应该用于 PreparedStatement 对象。

在本例中要对表进行数据操作，首先 DriverManager 的 getConnection（ ）方法的第一个参数 URL，必须包含数据库名称，通过 Connection 对象 conn 创建，然后设置占位符的实际参数。接着在 MySQL 数据库中插入日期，以字符串的形式插入。最后通过 PreparedStatement 对象的 execute（ ）方法执行。程序运行结果通过 MySQL 命令行查看，结果如图 4.18 所示。

```
mysql> SELECT * FROM STUDENT;
+----+------+--------+------+--------------+------------+
| id | name | num    | sex  | address      | birthday   |
+----+------+--------+------+--------------+------------+
|  1 | 张三 | 130025 | 男   | 贵州省贵阳市 | 1995-02-12 |
+----+------+--------+------+--------------+------------+
1 row in set (0.00 sec)
```

图 4.18　通过 JDBC 插入数据

使用 PreparedStatement 的好处：

（1）提高代码的可读性和可维护性。

（2）最大限度地提高性能。JDBC 驱动的最佳化是基于使用的是什么功能，选择 PreparedStatement 还是 Statement 取决于要怎么使用它们。对于只执行一次的 SQL 语句，选择 Statement 是最好的；相反，如果 SQL 语句被多次执行，选用 PreparedStatement 是最好的。PreparedStatement 的第一次执行消耗是很高的，它的高效性能体现在后面的重复执行（缓存的作用）上面。例如，假设使用 student 表的 ID 字段来执行一个针对 Student 表的查询，JDBC 驱动会发送一个网络请求到数据解析和优化这个查询，而执行时会产生另一个网络请求。在 JDBC 驱动中，减少网络通信是最终的目的。如果程序在运行期间只需要一次请求，那么就使用 Statement。如果 SQL 语句被多次执行则应该选择使用 PreparedStatement。

（3）可以防止 SQL 注入。

【例 4.16】使用 PreparedStatement 更新数据。

（1）在 DBUtil 类中创建方法 update（ ），将 student 表中主键为 1 的记录的 name 字段的值修改为“李四”。

//update 方法

```
    public static void update()throws SQLException{
            Connection conn = null;
            PreparedStatement ps = null;
            String sql = "update student set name=? where id = ?";
        try {
                conn = DriverManager.getConnection(MYSQL_URL+"studentDB", USER,
PASSWORD);
                ps = conn.prepareStatement(sql);
```

```
            ps.setString(1,"李四");
            ps.setLong(2, 1);
            ps.execute();
        } catch (SQLException e) {
            e.printStackTrace();
        }finally {
            if(ps != null) {
                ps.close();
            }
            if(conn != null) {
                conn.close();
            }
        }
    }
```

（2）调用 update（ ）方法，运行后的通过 MySQL 命令行查看结果，如图 4.19 所示。

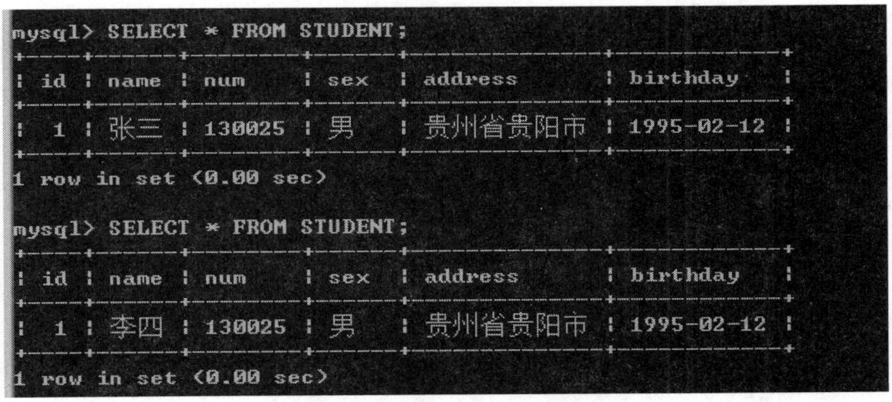

```
mysql> SELECT * FROM STUDENT;
+----+------+--------+-----+--------------+------------+
| id | name | num    | sex | address      | birthday   |
+----+------+--------+-----+--------------+------------+
|  1 | 张三 | 130025 | 男  | 贵州省贵阳市 | 1995-02-12 |
+----+------+--------+-----+--------------+------------+
1 row in set (0.00 sec)

mysql> SELECT * FROM STUDENT;
+----+------+--------+-----+--------------+------------+
| id | name | num    | sex | address      | birthday   |
+----+------+--------+-----+--------------+------------+
|  1 | 李四 | 130025 | 男  | 贵州省贵阳市 | 1995-02-12 |
+----+------+--------+-----+--------------+------------+
1 row in set (0.00 sec)
```

图 4.19　通过 JDBC 修改数据

3）ResultSet

该对象是一个结果集，用来保存满足条件的记录。在该对象中包含一个类似指针的部分，通常称为游标，用来管理游标中的记录，游标默认情况下会指向第一行记录的前面。游标的初始位置并没有相应的记录与之对应，需要调用 next（ ）方法使得游标移动到下一个位置。该方法返回一个布尔值，用来表示结果集中是否还有下一条记录。通常执行一个查询语句后，会返回一个结果集 resultSet 对象。表 4.5 列出了 ResultSet 常用方法。

获取结果集中的数据通过以下 2 种方式：

（1）通过数据库表的字段名来获取某个字段的数据。

（2）通过字段在表结构的索引（从 1 开始）获取某个字段的数据。

表 4.5 ResultSet 常用方法

方法	说明
boolean next（）	将光标从当前位置向下移动一行，也就是读取下一行
boolean previous（）	将光标从当前位置向上移动一行，也就是读取上一行
vid close（）	关闭 ResultSet 对象
int getInt（int）	以字段的结构序号获取字段的整型值
int getInt（String）	以字段的名称获取字段的整型值
float getFloat（int）	以字段的结构序号获取字段的浮点值
float getFloat（String）	以字段的名称获取字段的浮点值
String getString（int）	以字段的名称获取字段的字符串值
String getString（String）	以字段的名称获取字段的字符串值
int getRow（）	得到光标当前所指定的行号
boolean absolute（int row）	光标移动到 row 指定的行

【例 4.17】使用 Statement 查询 Student 表的全部记录并通过 ResultSet 获取结果数据并输出到控制台。

（1）在 DBUtil 类中新建 query（）方法：

//query（）方法

```
public static void query()throws SQLException {
        Connection conn = null;
        Statement statement = null;
        ResultSet rs = null;
        String sql = "select * from student";
        SimpleDateFormat sdf = new SimpleDateFormat("yyyy-MM-dd");
       try {
            conn = DriverManager.getConnection(MYSQL_URL+"studentDB", USER,
PASSWORD);
            statement = conn.createStatement();
           //查询结果赋值给 ResultSet 对象 rs
            rs = statement.executeQuery(sql);
            int i =1;
           //循环判断结果集是否还有下一条记录
            while(rs.next()) {
               //根据字段名称获取字段的数据
                long id = rs.getLong("id");
```

```
                String num = rs.getString("num");
                String name = rs.getString("name");
                String sex = rs.getString("sex");
                String address = rs.getString("address");
                Date date = rs.getDate("birthday");
                System.out.println("第" +i + "条记录:");
               System.out.println("主键: "+id+",学号: "+num+",姓名: "+name+",性别:
"+sex+",地址: "+address+",出生日期: "+sdf.format(date));
            }
        } catch (SQLException e) {
            e.printStackTrace();
        }finally {
            if(rs != null) {
                rs.close();
            }
            if(statement != null) {
                statement.close();
            }
            if(conn != null) {
                conn.close();
            }
        }
    }
```

（2）在 main 函数中调用 query（ ）方法，执行后结果如图 4.20 所示。通过 JDBC 查询 Stndent 表全部记录，如图 4.21 所示。

```
mysql> select * from student;
+----+--------+--------+-----+--------------+------------+
| id | name   | num    | sex | address      | birthday   |
+----+--------+--------+-----+--------------+------------+
|  1 | 李四   | 130025 | 男  | 贵州省贵阳市 | 1995-02-12 |
|  2 | 张三   | 130026 | 女  | 广东省广州市 | 1996-07-12 |
|  3 | 张小梅 | 130027 | 女  | 山东省济南市 | 1995-11-02 |
+----+--------+--------+-----+--------------+------------+
3 rows in set (0.00 sec)
```

图 4.20　MySQL 命令行查询 student 表全部记录

```
Markers  Properties  Servers  Data Source Explorer  Snippets  Problems  Console
<terminated> DBUtil [Java Application] C:\Program Files\Java\jre1.8.0_181\bin\javaw.exe (2018年9月29日 下午4:13:1
第1条记录:
主键:1,学号:130025,姓名:李四,性别:男,地址:贵州省贵阳市,出生日期:1995-02-12
第1条记录:
主键:2,学号:130026,姓名:张三,性别:女,地址:广东省广州市,出生日期:1996-07-12
第1条记录:
主键:3,学号:130027,姓名:张小梅,性别:女,地址:山东省济南市,出生日期:1995-11-02
```

图 4.21　JDBC 查询 Student 表全部记录

4）CallableStatement

CallableStatement 继承自 PreparedStatement 接口，为所有的 DBMS 提供了一种标准的形式去调用数据库中已存在的存储过程，在使用 CallableStatement 时可以接收存储过程的返回值。使用 CallableStatement 对象调用数据库中存储过程有两种形式：

（1）带结果参数。

（2）不带结果参数。结果参数是一种输出参数（存储过程中的输出 OUT 参数），是存储过程的返回值。两种形式都有带有数量可变的输入、输出、输入和输出类型的参数。用问号做占位符。

带结果参数语法格式：{ ? = call 存储过程名[(?, ?, ?, ...)]};

不带结果参数语法格式：{ call 存储过程名[(?, ?, ?, ...)]};

注意，方括号里面的内容可有可无。表 4.6 列出了 CallableStatement 接口常用方法。

表 4.6　CallableStatement 接口常用方法

方法	说明
boolean next（ ）	将光标从当前位置向下移动一行，也就是读取下一行
boolean previous（ ）	将光标从当前位置向上移动一行，也就是读取上一行
vid close（ ）	关闭 ResultSet 对象
int getInt（int）	以字段在结构序号获取字段的整型值
int getInt（String ）	以字段的名称获取字段的整型值
float getFloat（int）	以字段在结构序号获取字段的浮点值
float getFloat（String）	以字段的名称获取字段的浮点值
String getString（int）	以字段的名称获取字段的字符串值
String getString（String）	以字段的名称获取字段的字符串值
int getRow（ ）	得到光标当前所指定的行号
boolean absolute（int row）	光标移动到 row 指定的行

【例 4.18】使用 CallableStatement 调用 studentDB 数据库中存储过程 statistisCount 并输出结果。

（1）在 StudentDB 数据库创建存储过程 statistisCount 用于统计 student 表中记录总数，并返回结果。创建存储过程的方法如下所示：

```
delimiter //
 create procedure statistisCount(in    v_sex varchar(20),out v_count int)
 begin
     select count(1) into v_count from student where sex=v_sex;
```

```
end
//
delimiter ;
```

（2）在 DBUtil 类中新建 executePro（ ）方法。

```
public static void executePro() throws SQLException{
        Connection conn = null;
        CallableStatement statement = null;
        try {
            conn = DriverManager.getConnection(MYSQL_URL+"studentDB", USER,
PASSWORD);
            String sql = "{call statistisCount(?,?)}";
            //创建 CallableStatement 对象
            statement = conn.prepareCall(sql);
            //注册存储过程第 2 个参数是传出参数
            statement.registerOutParameter(2, Types.INTEGER);
            statement.setString(1, "女");
            statement.execute();
            //根据参数索引获取参数的值
              int count = statement.getInt(2);
              System.out.println("女生人数为:"+count);
        }catch(SQLException e) {
            e.printStackTrace();
        }finally {
            if(statement != null) {
                    statement.close();
                }
                if(conn != null) {
                    conn.close();
                }}}
```

（3）在 main（ ）函数中调用 executePro（ ）函数，函数运行结果如图 4.22 所示。

```
Console ☒
<terminated> DBUtil [Java Application] C:\Program Files\Java\
女生人数为:2
```

图 4.22　调用存储过程

4.4 JNDI 与数据库连接池

1. JNDI

Java Naming and Directory Interface（Java 命名和目录接口）用于执行名字和目录服务。它提供了一致的模型来存取和操作企业级的资源，如 DNS、LDAP 等。在 JNDI 中，目录结构中的每一个结点称为 context，每一个 JNDI 名字都是相对于 context 的，应用程序通过初始化的 context 对象在已有的目录树来定位它所需要的资源或对象。

JNDI 相对于 JDBC 来说更加灵活，使用者不需要关心"具体的数据库后台是什么，JDBC 驱动程序是什么，JDBC URL 格式是什么，访问数据库的用户名和口令是什么"等问题，程序员编写的程序应该没有对 JDBC 驱动程序的引用，没有服务器名称，没有用户名称或口令，甚至没有数据库池或连接管理。而是把这些问题交给 JavaEE 容器来配置和管理，使用者只需要对这些配置和管理进行引用即可。

Java 的应用程序可以通过 JNDI 提供的 javax.naming 包的 API 与 JNDI 系统进行交互。其中，javax.naming.Context 接口中提供了一些方法，允许增加、删除和检索命名服务对象。表 4.7 列出了 Context 接口的主要方法。

表 4.7 Context 接口主要方法

方法	说明
void bind（String sName，Object object）	绑定：把名称同对象关联的过程
void rebind（String sName，Object object）	重新绑定：用来把对象同一个已经存在的名称重新绑定
void unbind（String sName）	释放：用来把对象从目录中释放出来
void lookup（String sName，Object object）	查找：返回目录总的一个对象

2. 连接池

连接池是创建和管理多个连接的一种技术，这些连接可被需要连接的任何线程使用。连接池技术基于下述事实：对于大多数应用程序，当正在处理通常需要数毫秒完成的事务时，仅需要能够访问 JDBC 连接的 1 个线程；而未处理事务时，连接处于闲置状态。使用连接池，允许其他线程使用闲置连接来执行有用的任务。

在 JavaEE 企业级多层结构的应用程序中，数据库的连接的频繁建立及关闭，对系统而言是耗费系统资源的操作，特别是企业级 Web 应用的多用户访问系统中，在某个时刻并发访问数量的增加对系统的性能影响尤为明显，在采用 JDBC 的数据库连接方式中，一个数据库连接对象均对应一个物理的数据库连接，每次操作都需要打开一个物理连接，使用完毕关闭连接。对于在大量并发访问情况下的企业级应用，这样的操作会使系统的性能大大降低。在企业级的应用中，通常采用连接池解决这样的问题。

连接池的解决方案是在应用程序启动时建立足够的连接对象，并将这些连接对象在内存中组成一个连接池，由应用程序动态地对池中的连接对象进行申请、使用、释放。对于多于连接池中连接数的并发请求，应在请求队列中排队等待。并且应用程序还可以根据池中的连接使用率，动态增加和减少池中连接对象的数量。

采用连接池的技术可以尽可能多地重用内存的资源，提高了服务器的效率，能够支持更多并发的客户服务。通过连接池的技术，可以大大提高程序的运行效率。同时，程序可以通过自身的管理机制监视、调整数据库连接的数量、使用情况等。

3. 数据源

数据源代表数据的来源，在 Java 的 JDBC 技术中通常代表的是连接的具体数据库及如何连接，通过数据源就可以获得连接对象。

在 JavaEE 中 javax.sql.DataSource 接口代表一个数据源，它一般由数据库驱动程序厂商实现。在应用程序中通过具体的数据源对象获得连接，其 getConnection（ ）方法返回一个 Connection 对象。通过数据源对象可以获得连接池中的连接对象。

【例 4.19】数据库连接池的使用

（1）通过在 Tomcat 安装目录 conf/下对配置文件 context.xml 增加资源声明来配置 JNDI DataSource，如图 4.23 所示。表 4.8 列出了 Resource 属性。

```
12 <Context>
13
14     <!-- Default set of monitored resources. If one of these changes, the -->
15     <!-- web application will be reloaded. -->
16     <WatchedResource>WEB-INF/web.xml</WatchedResource>
17     <WatchedResource>${catalina.base}/conf/web.xml</WatchedResource>
18
19     <!-- Uncomment this to disable session persistence across Tomcat restarts -->
20     <!-- <Manager pathname="" /> -->
21
22     <Resource name="jdbc/TestDB"
23         auth="Container"
24         type="javax.sql.DataSource"
25         maxTotal="100"
26         maxIdle="30"
27         maxWaitMillis="10000"
28         username="root"
29         password="root"
30         driverClassName="com.mysql.jdbc.Driver"
31         url="jdbc:mysql://localhost:3306/studentdb" />
32
33 </Context>
```

图 4.23　Tomcat 资源声明配置

表 4.8　Resource 属性

属性名称	说明
name	指定 Resource 的 JNDI 名称
auth	指定管理 Resource 的 Manager。有两个值，Container：表示由容器创建和管理；Application：表示由 Web 应用创建和管理。
type	指定 Resource 所属的 Java 类
maxActive	指定连接池中处于活动状态的数据库连接的最大数目
maxIdle	指定连接池中处于空闲状态的数据库连接的最大数目。0 表示不受限
maxWait	指定连接池中的连接处于空闲的最长时间。-1 表示无限等待
username	指定连接数据库的用户名
password	指定连接数据库的口令
driverClassName	指定连接数据库的 JDBC 驱动程序
url	指定连接数据库的 URL

（2）在 Eclipse 中创建名称为 ConnPool 的 Dynamic Web Project。将 MySQL 数据库驱动程序放入 WEB-INF/lib 目录下，在 WebContent/WEB-INF/web.xml 文件中添加如下代码：

```
<resource-ref>
        <!-- 指定 JNDI 的名字，与<Resource>元素中的 name 一致 -->
        <res-ref-name>jdbc/TestDB</res-ref-name>
        <!-- 指定引用资源的类名，与 <Resource>元素中的 type 一致 -->
        <res-type>javax.sql.DataSource</res-type>
        <!-- 指定管理所引用资源的 Manager 与<Resource>元素中的 auth 一致 -->
        <res-auth>Container</res-auth>
</resource-ref>
```

（3）在 WebContent 目录下新建 index.jsp 页面。通过 JNDI 获取 DataSource 以及 Connection 对象并查询 student 表的数据显示在页面。运行结果如图 4.24 所示。

```
<%@ page language="java" contentType="text/html; charset=UTF-8"
    import="javax.naming.*,javax.sql.*,java.sql.*"
    pageEncoding= "UTF-8"%>
<!DOCTYPE html>
<html>
<head>
<meta http-equiv="Content-Type" content="text/html; charset=UTF-8">
<title>数据库连接池实例</title>
```

```
</head>
<body>
  <%
   //初始化上下文
   Context ctx = new InitialContext();
   //获得与逻辑名称相关联的数据源对象
   DataSource ds = (DataSource) ctx.lookup("java:comp/env/jdbc/TestDB");
   //获得连接
   Connection conn = null;
   Statement st = null;
   ResultSet rs = null;
   try{
         conn =   ds.getConnection();
         String sql ="select * from student";
          st = conn.createStatement();
         rs = st.executeQuery(sql);
         while(rs.next()){
         String name = rs.getString("name");
         String num = rs.getString("num");
         String sex = rs.getString("sex");
         out.write("姓名:"+name+ ",num="+num+ ",sex="+sex);
         out.write("<br>");
         }
   }catch(SQLException e){
     e.printStackTrace();
   }finally{
     if(rs != null){
         rs.close();
     }
     if(st != null){
         st.close();
     }
     if(conn != null){
         conn.close();
     }
```

```
        }
    %>
    </body>
    </html>
```

图 4.24 通数据库连接池连接数据库并查询数据

4.5 本章总结

本章介绍了关系型数据库 MySQL，主要包括数据定义、数据操纵和数据管理功能。着重介绍了 JDBC 数据库编程，包括 JDBC 基本概念和 JDBC 数据库编程的步骤。JDBC 数据库编程一般包括加载驱动程序、与数据库建立连接、查询或更新数据库以及检索结果集等步骤。查询和更新数据库操作主要涉及 3 个接口，分别是：Statement、PreparedStatment 和 CallableStatement。最后还介绍了 JDNI、数据源和数据库连接池，通过实例编写 Java 应用程序来实现对数据库的查询、添加、修改等操作。

通过本章学习，读者应对 MySQL 数据库以及 SQL 语言有较深理解，并掌握 JDBC 数据库编程的步骤和方法，能够进行实际的 JDBC 应用程序开发。

习 题

1. 在 MySQL 数据库中如何创建数据库、表以及视图？
2. 什么是视图？它和表有什么关系？
3. 索引的作用有哪些？如何在 MySQL 数据库中建立索引？
4. 在 JDBC 编程中，如何建立与源数据库的连接？
5. 在 JDBC 编程中，在进行数据库查询操作中，JDBC 使用了哪几个类？简述它们的查询过程及区别。
6. 编程实现如下功能：在数据库中建立一个表，表名为 student，其属性为学号、姓名、性别、年龄、英语、JavaSE 程序设计、初级日语、总分，在表中输入多条记录，完成以下操作：

修改学生的总分信息，总分=英语+JavaSE 程序设计+ 初级日语；
查询所有学生的信息，并显示出来；
查询所有不及格成绩的学生信息；
插入一条记录；
修改性别为男的所有学生的年龄 = 年龄 +1；
删除题目 4 中插入的记录；
将表中记录按照总分降序输出。

第 5 章　EL 表达式

【本章学习目标】

掌握 EL 表达式语法；
熟练使用 EL 表达式获取数据、执行运算；
熟练掌握 EL 表达式获取常用对象方法。

5.1　EL 表达式简介

EL 全名为 Expression Language，主要作用如下：

1. 获取数据

EL 表达式主要用于替换 JSP 页面中的脚本表达式，以方便从各种类型的 Web 域中检索 Java 对象、获取数据（某个 Web 域中的对象，访问 JavaBean 的属性、访问 list 集合、访问 map 集合、访问数组）。

2. 执行运算

利用 EL 表达式可以在 JSP 页面中执行一些基本的关系运算、逻辑运算和算术运算。

3. 获取 Web 开发常用对象

EL 表达式定义了一些隐式对象，利用这些隐式对象，Web 开发人员可以很轻松获得对 Web 常用对象的引用，从而获得这些对象中的数据。

4. 调用 Java 方法

EL 表达式允许用户开发自定义 EL 函数，以在 JSP 页面中通过 EL 表达式调用 Java 类的方法。

5.2　获取数据

使用 EL 表达式获取数据语法结构：

${标识符}

EL 表达式语句在执行时，会调用 pageContext.findAttribute（ ）方法，用标识符为关键字，分别从 page、request、session、application 四个域中查找相应的对象，找到则返回相应对象，找不到则返回空字符串（不是 null）。

EL 表达式可以很轻松获取 JavaBean 的属性，或者获取数组、Collection、Map 类型集合的数据。

【例 5.1】EL 表达式获取数据。

（1）在 Eclipse 中新建名称为 ELProject 的 Dynamic Web Project，在工程的 WebContent 目录下新建名称为 index.jsp 的 JSP 页面，在 src 目录下新建 student 类。JSP 和 student 类的内容如下所示：

//Student.java

```
package com.cn;
public class Student {
    private String num;
    private String name;
    private String address;
    public Student() {

    }
    public Student(String num, String name, String address) {
        this.num = num;
        this.name = name;
        this.address = address;
    }

    public String getNum() {
        return num;
    }
    public void setNum(String num) {
        this.num = num;
    }
    public String getName() {
        return name;
    }
    public void setName(String name) {
```

```
        this.name = name;
    }
    public String getAddress() {
        return address;
    }
    public void setAddress(String address) {
        this.address = address;
    }
}
```

//index.jsp

```
<%@ page language="java" contentType="text/html; charset=UTF-8"
    import= "com.cn.Student,java.util.*"
    pageEncoding="UTF-8"%>
<!DOCTYPE html>
<html>
<head>
<meta http-equiv="Content-Type" content="text/html; charset=UTF-8">
<title>EL 表达式获取数据</title>
</head>
<body>

  <%
      request.setAttribute("courseName","Java EE 应用开发基础教程");
      Student student = new Student("160021","张三","中国北京");
      request.setAttribute("student",student);
      List<Integer> data = new ArrayList<Integer>();
      for(int i=0;i<3;i++){
         data.add(i);
      }
      pageContext.setAttribute("data",data);
      Map<String,Object> map = new HashMap<String,Object>();
      map.put("name","李四");
      map.put("age",24);
      pageContext.setAttribute("map",map);
  %>
      <!-- 使用 EL 表达式获取数据-->
      课程名称:${courseName}<br>
        <!-- 使用 EL 表达式获取 bean 属性-->
      学生信息:<br>
```

```
              学号:${student.num}<br>
              姓名:${student.name}<br>
              家庭地址:${student.address}<br>
        <!--使用 EL 表达式调用 list 对象成员方法-->
        数组 data 有${data.size()}个数<br>
        <!--使用 EL 表达式获取 Map 集合数据-->
        map 中的 name 值为:${map.name}<br>
        map 中的 age 值为:${map.age}<br>
</body>
</html>
```

（2）部署项目到 Tomcat 并启动，在浏览器地址栏中输入 http://localhost:8080/ELProject/index.jsp，可以看到如图 5.1 所示的界面。

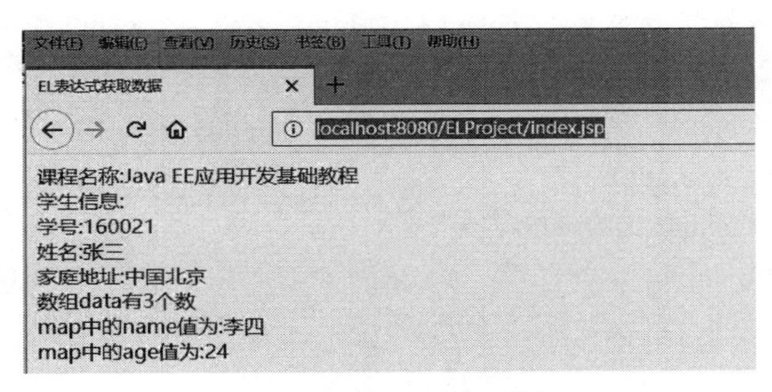

图 5.1　EL 表达式获取数据

5.3　执行运算

利用 EL 表达式可以在 JSP 页面中执行一些基本的关系运算、逻辑运算和算术运算，EL 表达式执行运算的语法结构：

${运算表达式}，表 5.1 和表 5.2 列出了 EL 表达式支持的运算符。

表 5.1　关系运算符

关系运算符	说明	范例	结果
==或 eq	等于	${1==1}或${1 eq 1}	true
!=或 ne	不等于	${1!=1}或${1 ne 1}	false
<或 lt	小于	${1<2}或${1 lt 2}	true
>或 gt	大于	${1>1}或${1 gt 1}	false
<=或 le	小于等于	${1<=1}或${1 le 1}	true
>=或 ge	大于等于	${1>=1}或${1 ge 1}	true

表 5.2　逻辑运算符

逻辑运算符	说明	范例	结果
&&或 and	与	${A && B}或${A and B}	true/false
||或 or	或	${A \|\| B}或${A or B}	true/false
！或 not	非	${!A}或${not A}	true/false

其他运算等还有 empty 运算符——检查对象是否为 null（空）;

二元表达式——${user!=null?user.name :""}；

以及[ ] 和 . 号运算符等。

【例 5.2】 EL 表达式执行运算。

（1）在 ELProject 工程的 WebContent 目录下新建名称为 operation.jsp 的 JSP 页面。页面的内容如下：

```
<%@ page language= "java" contentType="text/html; charset=UTF-8"
    import="java.util.*"
    pageEncoding="UTF-8"%>
<!DOCTYPE html>
<html>
<head>
<meta http-equiv="Content-Type" content="text/html; charset=UTF-8">
<title>EL 表达式执行运算</title>
</head>
<body>
    <h3>EL 表达式进行四则运算：</h3>
        加法运算：${3+5}<br/>
        减法运算：${8-7}<br/>
        乘法运算：${3*5}<br/>
        除法运算：${6/2}<br/>

    <h3>el 表达式进行关系运算：</h3>
     ${user == null}<br/>
     ${user eq null}<br/>
    <h3>el 表达式使用 empty 运算符检查对象是否为 null(空)</h3>
    <%
      Set<String> set = new HashSet<String>();
```

```
        pageContext.setAttribute("set", set);
    %>
    Set 集合是否为空：${!empty(list)}
     <h3>EL 表达式中使用二元表达式</h3>
      <%
          session.setAttribute("user", "李四");
      %>
      ${user==null?"对不起，您没有登录": user}
      <h3>EL 表达式数据回显</h3>
      <%
          boolean male=true;
          request.setAttribute("male",male);
      %>
        <input type="radio" name="gender" value="male"
  ${male==true?'checked':''}>男
        <input type= "radio" name= "gender" value= "female"
  ${male==false?'checked':''}>女
 </body>
 </html>
```

（2）启动 Tomcat，在浏览器的地址栏输入：http://localhost:8080/ELProject/ operation.jsp，可以看到如图 5.2 所示的结果。

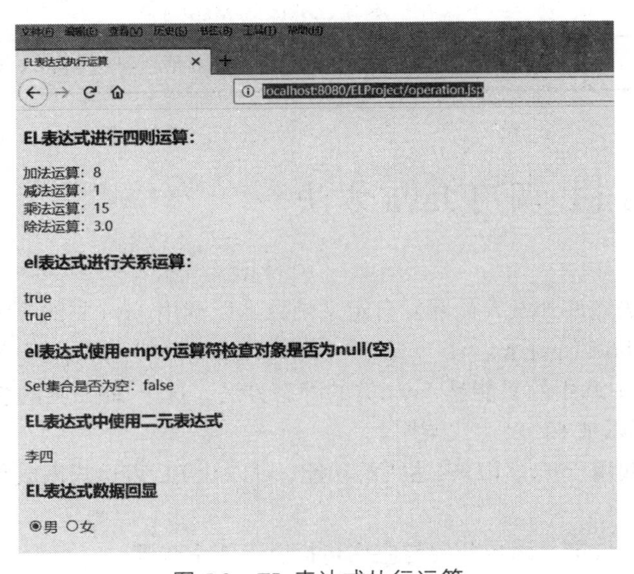

图 5.2　EL 表达式执行运算

5.4 获得 Web 开发常用对象

EL 表达式语言中定义了 11 个隐含对象，使用这些隐含对象可以很方便地获取 Web 开发中的一些常见对象，并读取这些对象的数据，如表 5.3 所示。语法结构：

${隐式对象名称}

表 5.3 EL 表达式语言中定义的 11 个隐含对象

隐含对象名称	描　述
pageContext	对应于 JSP 页面中的 pageContext 对象（注意：取的是 pageContext 对象）
pageScope	代表 page 域中用于保存属性的 Map 对象
requestScope	代表 request 域中用于保存属性的 Map 对象
sessionScope	代表 session 域中用于保存属性的 Map 对象
applicationScope	代表 application 域中用于保存属性的 Map 对象
param	表示一个保存了所有请求参数的 Map 对象
paramValues	表示一个保存了所有请求参数的 Map 对象，它对于某个请求参数，返回的是一个 string[]
header	表示一个保存了所有 HTTP 请求头字段的 Map 对象，注意：如果头里面有“-”，例 Accept-Encoding，则要 header[“Accept-Encoding”]
headerValues	表示一个保存了所有 HTTP 请求头字段的 Map 对象，它对于某个请求参数，返回的是一个 string[] 数组。注意：如果头里面有“-”，例 Accept-Encoding，则要 headerValues[“Accept-Encoding”]
cookie	表示一个保存了所有 cookie 的 Map 对象
initParam	表示一个保存了所有 Web 应用初始化参数的 Map 对象

5.5 使用 EL 调用 Java 方法

EL 表达式语法允许开发人员开发自定义函数，以调用 Java 类的方法结构。语法：

${prefix：method（params）}

在 EL 表达式中调用的只能是 Java 类的静态方法，这个 Java 类的静态方法需要在 tld 文件中描述，才可以被 EL 表达式调用。

EL 自定义函数用于扩展 EL 表达式的功能，可以让 EL 表达式完成普通 Java 程序代码所能完成的功能。

一般来说，EL 自定义函数开发与应用包括以下 3 个步骤：

（1）编写一个 Java 类的静态方法。

（2）编写标签库描述符（tld）文件，在 tld 文件中描述自定义函数。

（3）在 JSP 页面中导入和使用自定义函数。

【例 5.3】EL 自定义函数。

（1）在 ELProject 工程的“src”→“com.cn”包下新建 ELUtil 类，内容如下：

```
package com.cn;

public class ELUtil {

    public static String sayHello(String name) {
        return "hello,"+name;
    }

}
```

（2）在 WEB-INF 目录下编写标签库描述符（tld）文件，在 tld 文件中描述自定义函数。

在 Eclipse 新建 tld 文件的步骤是：“New”→“XML”→“XML File”→“输入 elFunction.tld”→“Create XML file from a DTD file”→“Select XML Catalog entry”→“-//Sun Microsystems, Inc.//DTD JSP Tag Library 1.2//EN”→“finish”。

```
<?xml version="1.0" encoding="UTF-8"?>
<taglib version="2.0" xmlns="http://java.sun.com/xml/ns/JavaEE"
    xmlns:xsi="http://www.w3.org/2001/XMLSchema-instance"
xsi:schemaLocation="http://java.sun.com/xml/ns/JavaEE web-jsptaglibrary_2_0.xsd">
    <tlib-version>1.0</tlib-version>
    <short-name>ELFunction</short-name>
    <!--
        自定义 EL 函数库的引用 URI，
        在 JSP 页面中可以这样引用：<%@taglib uri="/ELFunction" prefix= "fn"%>
    -->
    <uri>/ELFunction</uri>

    <!--<function>元素用于描述一个 EL 自定义函数-->
     <function>
            <!--<name>子元素用于指定 EL 自定义函数的名称-->
            <name>sayHello</name>
            <!--<function-class>子元素用于指定完整的 Java 类名-->
            <function-class>com.cn.ELUtil</function-class>
            <!--<function-signature>子元素用于指定 Java 类中的静态方法的签名，方
法签名必须指明方法的返回值类型及各个参数的类型，各个参数之间用逗号分隔。-->
```

```
            <function-signature>
            java.lang.StringsayHello(java.lang.String)
        </function-signature>
        </function>
</taglib>
```

（3）在 WebContent 目录下新建名称为 elFunction.jsp 的 JSP 页面，在 JSP 页面中导入和使用自定义函数。elFunction.jsp 内容如下所示：

```
<%@ page language="java" contentType="text/html; charset=UTF-8"
    pageEncoding="UTF-8"%>
    <%--引入 EL 自定义函数库 --%>
<%@taglib uri= "/ELFunction" prefix= "fn"%>
<!DOCTYPE html>
<html>
<head>
<meta http-equiv="Content-Type" content="text/html; charset=UTF-8">
<title>EL 自定义函数</title>
</head>
<body>
   <%--使用 EL 调用 filter 方法--%>
    ${fn:sayHello("张三")}
</body>
</html>
```

（4）启动 tomcat，在浏览器的地址栏中输入 http://localhost:8080/ELProject/elFunction.jsp，运行结果如图 5.3 所示。

图 5.3 EL 自定义函数

编写完标签库描述文件后，需要将它放置到<web 应用>\WEB-INF 目录中或 WEB-INF 目录下的除了 classes 和 lib 目录之外的任意子目录中。

tld 文件中的<uri> 元素用来指定该 tld 文件的 URI，在 JSP 文件中需要通过这个 URI

来引入该标签库描述文件。

<function>元素用于描述一个 EL 自定义函数，其中：

<name>子元素用于指定 EL 自定义函数的名称。

<function-class>子元素用于指定完整的 Java 类名。

<function-signature>子元素用于指定 Java 类中静态方法的签名，方法签名必须指明方法的返回值类型及各个参数的类型，各个参数之间用逗号分隔。

EL 表达式是 JSP 2.0 规范中的一门技术。因此，若想正确解析 EL 表达式，需使用支持 Servlet2.4/JSP2.0 技术的 Web 服务器。

注意：有些 Tomcat 服务器如不能使用 EL 表达式，如：

（1）升级成 Tomcat6 以上版本；

（2）在 JSP 中加入<%@ page isELIgnored="false" %>。

5.6　本章总结

本章介绍了如何通过 EL 表达式获取数据、执行运算、获取 Web 开发常用对象以及调用 Java 方法。EL 表达式可以取代传统 JSP 程序中嵌入 Java 代码的方法，大大提高程序的可维护性。

习　题

1. EL 表达式的基本语法是什么？如何在 JSP 中忽略 EL 表达式？
2. EL 表达式获取 page、request、session、application 四个域中相应的对象的顺序是什么？
3. EL 表达式语言中定义了 11 个隐含对象都是哪些？
4. 请描述 EL 调用 Java 方法的步骤。

第 6 章　JSP 与 AJAX

【本章学习目标】

了解什么是 AJAX 以及与传统的 Web 开发的区别；
掌握 XMLHttpRequest 对象的使用；
熟练掌握 jQuery 的选择器；
熟练掌握 jQuery 的 AJAX 使用。

6.1　认识 AJAX

6.1.1　什么是 AJAX

AJAX 是 Asynchronous JavaScript and XML 的缩写，是指一种创建交互式网页应用的网页开发技术。

AJAX 也是一种用于创建快速动态网页的技术。通过在后台与服务器进行少量数据交换，AJAX 可以使网页实现异步更新。这意味着可以在不重新加载整个网页的情况下，能对网页的某部分进行更新，传统的网页（不使用 AJAX）如果需要更新内容，必需重载整个网页面。有很多使用 AJAX 的应用程序案例，如新浪微博、Google 地图、开心网等。

6.1.2　AJAX 开发模式与传统的 Web 开发模式的比较

传统 Web 开发模式是一种同步概念，用户必须等待每个请求，当一个请求完成后才能获得结果，在使用完这些结果后才会发出新的请求。如当用户请求了一篇文章，他肯定会在阅读完这篇文章后才会去获取其他数据，否则当前文章页面将被刷新，无法阅读。它完全是一种“请求→刷新→响应”的模型，用户只有等请求完成后才能进行用户操作，操作完成后才能提交下一个请求，用户行为和服务器行为是一种同步的关系，如图 6.1 所示。

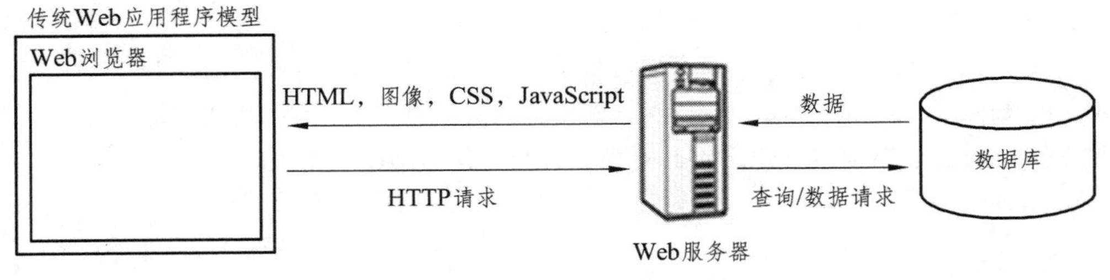

图 6.1　传统的 Web 开发模式

AJAX 开发模式是一种异步交互的概念，这意味着客户端和服务器端不必再相互等待，而是进行一种并发的操作。用户在发送请求以后可以继续当前工作，包括浏览或提交信息。在服务器响应完成之后，AJAX 引擎会将更新的数据显示给用户，而用户则根据响应内容来决定自己下一步的行为。如图 6.2 所示，在用户行为和服务器端多了一层 Ajax 引擎，它负责处理用户的行为，并转化为服务器请求，同时它接收服务器端的信息，经过处理后显示给用户。

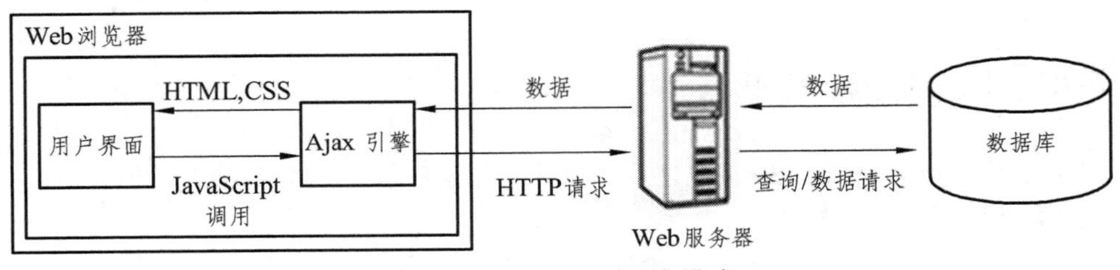

图 6.2　AJAX Web 开发模式

6.2　使用 XMLHttpRequest 对象

AJAX 是 XMLHttpRequest 对象和 JavaScript、XML、CSS、DOM 等多种技术的组合。其中只有 XMLHttpRequest 对象是新技术，其他的均为已有技术。XMLHttpRequest 用于在后台与服务器交换数据，这意味着可以在不重新加载整个网页的情况下，对网页的某部分进行更新，这样既减轻了服务器负担又加快了响应速度，缩短了用户等待的时间。

6.2.1　创建 XMLHttpRequest 对象

现在最新版本的浏览器（IE7+、Firefox、Chrome、Safari 以及 Opera）均内建 XMLHttpRequest 对象。创建 XMLHttpRequest 对象方法如下：

```
var httpRequest = new XMLHttpRequest ( ) ;
```

而老版本的 Internet Explorer（IE5 和 IE6）使用 ActiveX 对象创建：

```
var httpRequest=new ActiveXObject（"Microsoft.XMLHTTP"）;
```

为了提高程序的兼容性，应对所有的浏览器（包括 IE5 和 IE6）创建一个跨浏览器的 XMLHttpRequest 对象的方法，该方法首先检查浏览器是否支持 XMLHttpRequest 对象，如果支持，则创建 XMLHttpRequest 对象；否则创建 ActiveXObject。方法如下：

```
var httpRequest;
if (window.XMLHttpRequest)
{
    //  IE7+, Firefox, Chrome, Opera, Safari 浏览器执行代码
    httpRequest =new XMLHttpRequest();
}
else
{
    // IE6, IE5 浏览器执行代码
    httpRequest =new ActiveXObject("Microsoft.XMLHTTP");
}
```

6.2.2 向服务器发送请求

创建好了 XMLHttpRequest 对象之后，就可以向服务器发送请求，XMLHttpRequest 对象向服务器发送请求的方法如表 6.1 所示。

表 6.1 XMLHttpRequest 对象向服务器发送请求的方法

方法	说明
open（method，url，async）	规定请求的类型、URL 以及是否异步处理请求。各参数如下： method：请求的类型，GET 或 POST； url：请求服务器地址； async：true（异步）或 false（同步）
send（string）	将请求发送到服务器。string：仅用于 POST 请求
setRequestHeader（header，value）	向请求添加 HTTP 头。Header：规定头的名称，value：规定头的值

请求类型是用 GET 还是 POST？与 POST 相比，GET 更简单也更快，并且在大部分情况下都能用。然而，在以下情况中，请使用 POST 请求：

（1）无法使用缓存文件（更新服务器上的文件或数据库）；

（2）向服务器发送大量数据（POST 没有数据量限制）；

（3）发送包含未知字符的用户输入时，POST 比 GET 更稳定也更可靠。

关于 async 参数说明：

XMLHttpRequest 对象如果要用于 AJAX 的话，其 open（ ）方法的 async 参数必须设置为 true。对于 Web 开发人员来说，发送异步请求是一个巨大的技术进步，因为很多在服

务器执行的任务都相当费时。这在 AJAX 出现之前，可能会引起应用程序挂起或停止。

再次强调，通过 AJAX，JavaScript 无须等待服务器的响应，而是：

（1）在等待服务器响应时执行其他脚本；

（2）当响应就绪后对响应进行处理。

6.2.3　服务器响应

当请求被发送到服务器时，需要执行一些基于响应的任务。每当 readyState 改变时，就会触发 onreadystatechange 事件。readyState 属性存有 XMLHttpRequest 的状态信息。表 6.2 列出了 XMLHttpRequest 对象的三个重要属性。

表 6.2　XMLHttpRequest 对象的三个重要属性

属性	说明
onreadystatechange	存储函数（或函数名），每当 readyState 属性改变时，就会调用该函数
readyState	存有 XMLHttpRequest 的状态，从 0 到 4 发生变化； 0：请求未初始化； 1：服务器连接已建立； 2：请求已接收； 3：请求处理中； 4：请求已完成，且响应已就绪
status	200：“OK” 404：未找到页面

在 onreadystatechange 事件中，我们规定当服务器响应已做好被处理的准备时所执行的任务。当 readyState 等于 4 且状态为 200 时，表示响应已就绪：

如需获得来自服务器的响应，请使用 XMLHttpRequest 对象的 responseText 或 responseXML 属性，如表 6.3 所示。

表 6.3　responseText 或 responseXML 属性

属性	说明
responseText	获得字符串形式的响应数据
responseXML	获得 XML 形式的响应数据

如果来自服务器的响应并非 XML，请使用 responseText 属性。

【例 6.1】创建一个简单的 XMLHttpRequest，从一个 TXT 文件中返回数据。

（1）在 Eclipse 中新建名称为 AjaxProject 的 Dynamic Web Project，在工程的 WebContent 目录下新建名称为 index.jsp 的 JSP 页面，内容如下所示：

```
<%@ page language="java" contentType="text/html; charset=UTF-8"
    pageEncoding="UTF-8"%>
```

```
<!DOCTYPE html>
<html>
<head>
<meta charset="UTF-8">
<title>Ajax 从 txt 文件中读取数据</title>
</head>
<body>
<div id="myDiv" style="border:1px solid blue;width:400px;height:100px;">

</div>
<button type="button" onclick="loadTxt()">加载内容</button>
  <script type="text/javascript">

  function loadTxt()
  {
  var xmlhttp;
  if (window.XMLHttpRequest)
  {
       //  IE7+, Firefox, Chrome, Opera, Safari 浏览器执行代码
       xmlhttp=new XMLHttpRequest();
  }
  else
  {
       // IE6, IE5 浏览器执行代码
       xmlhttp=new ActiveXObject("Microsoft.XMLHTTP");
  }
  xmlhttp.onreadystatechange=function()
  {
       if (xmlhttp.readyState==4 && xmlhttp.status==200)
       {
       document.getElementById("myDiv").innerHTML=xmlhttp.responseText;
       }
  }
//通过 Ajax 异步加载 file 文件夹下 content.txt 的文件内容
xmlhttp.open("get","<%=request.getContextPath()%>/file/content.txt",true);
  xmlhttp.send();
  }
```

```
    </script>
  </body>
  </html>
```

（2）部署项目到 Tomcat 并启动，在浏览器的地址栏中输入：http://localhost:8080/AjaxProject/index.jsp，在窗口中单击加载内容按钮，出现如图 6.3 所示的界面。

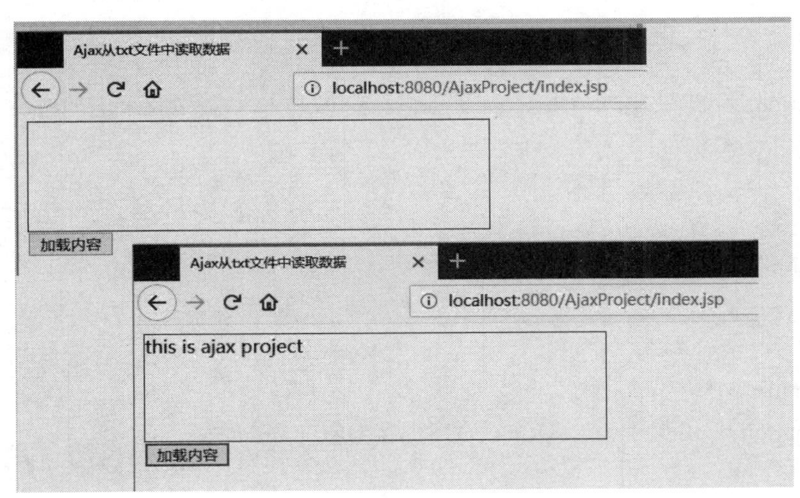

图 6.3　XMLHttpRequest 对象读取 txt 文件内容

【例 6.2】用 AJAX 进行一次 Head 请求。

（1）在例 6.1 工程的基础上在 WebContent 目录下新建 requetHead.jsp，内容如下所示：

```
<%@ page language="java" contentType="text/html; charset=UTF-8"
    pageEncoding="UTF-8"%>
<!DOCTYPE html>
<html>
<head>
<script>
    function loadXMLDoc(url) {
          var xmlhttp;
          if (window.XMLHttpRequest) {
                // code for IE7+, Firefox, Chrome, Opera, Safari
                xmlhttp = new XMLHttpRequest();
          } else {
                // code for IE6, IE5
                xmlhttp = new ActiveXObject("Microsoft.XMLHTTP");
          }
```

```
            xmlhttp.onreadystatechange = function() {
                if (xmlhttp.readyState == 4 && xmlhttp.status == 200) {
                //通过 XMLHttpRequest 对象的 getAllResponseHeaders()方法获取头信息
                 document.getElementById('p1').innerHTML = xmlhttp
                            .getAllResponseHeaders();
                }
            }
        xmlhttp.open("GET","<%=request.getContextPath()%>/file/content.txt",true);
        xmlhttp.send();
        }
    </script>
    </head>
    <body>

        <p id="p1"></p>
        <button onclick="loadXMLDoc()">获取头信息</button>

    </body>
    </html>
```

（2）启动 Tomcat，在浏览器的地址栏中输入：http://localhost:8080/AjaxProject/index.jsp，在窗口中单击“获取头信息”按钮，出现如图 6.4 所示的界面。

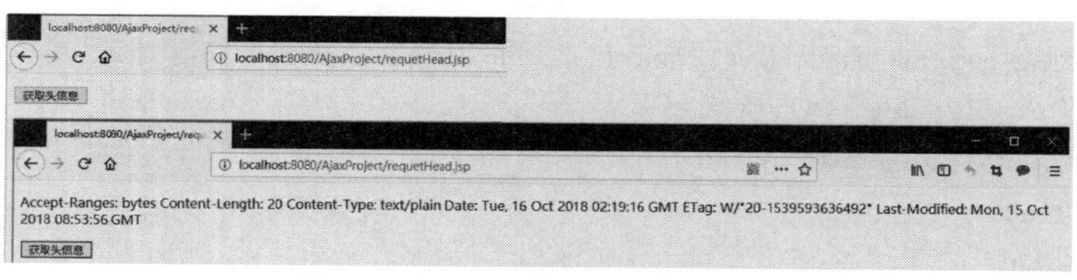

图 6.4　用 AJAX 进行一次 Head 请求

6.3　jQuery-Ajax

6.3.1　jQuery 简介

jQuery 是一个快速、简洁的 JavaScript 框架，是一个优秀的 JavaScript 代码库（或 JavaScript 框架）。jQuery 设计的宗旨是“write Less，do more”，即倡导写更少的代码，做更多的事情。它封装 JavaScript 常用的功能代码，提供一种简便的 JavaScript 设计模式，优化 HTML 文档操作、事件处理、动画设计和 Ajax 交互。jQuery 的核心特性可以总结为：具有独特的链式语法和短小清晰的多功能接口；具有高效灵活的 CSS 选择器，并且可对 CSS 选择器进行扩展；拥有便捷的插件扩展机制和丰富的插件。jQuery 兼容各种主流浏览器，如 IE 6.0+、FF 1.5+、Safari 2.0+、Opera 9.0+等。

jQuery 有以下特点：

1. 快速获取文档元素

jQuery 的选择机制构建于 Css 的选择器，它提供了快速查询 DOM 文档中元素的能力，而且大大强化了 JavaScript 中获取页面元素的方式。

2. 提供漂亮的页面动态效果

jQuery 中内置了一系列的动画效果，可以开发出非常漂亮的网页，许多网站都使用 jQuery 的内置效果，比如淡入淡出、元素移除等动态特效。

3. 创建 AJAX 无刷新网页

AJAX 是异步的 JavaScript 和 XML 的简称，可以开发出非常灵敏无刷新的网页，特别是开发服务器端网页时（比如 PHP 网站，需要往返地与服务器通信），如果不使用 AJAX，每次数据更新不得不重新刷新网页；而使用 AJAX 特效后，可以对页面进行局部刷新，提供动态的效果。

4. 提供对 JavaScript 语言的增强功能

jQuery 提供了对基本 JavaScript 结构的增强，比如元素迭代和数组处理等操作。

5. 增强的事件处理

jQuery 提供了各种页面事件，它可以避免程序员在 HTML 中添加太多事件处理代码，最重要的是，它的事件处理器消除了各种浏览器兼容性问题。

6. 更改网页内容

jQuery 可以修改网页中的内容，比如更改网页的文本，插入或者翻转网页图像。jQuery 简化了原本使用 JavaScript 代码需要处理的方式。

6.3.2　jQuery 基础

1. 选择器

jQuery 选择器允许对 HTML 元素组或单个元素进行操作。jQuery 选择器通过元素的 Id、类、类型、属性、属性值等“查找”（或选择）HTML 元素。它基于已经存在的 CSS 选择器，除此之外，它还有一些自定义的选择器。jQuery 中所有选择器都以美元符号开头：$( )。

1）元素选择器

jQuery 元素选择器基于元素名选取元素。语法如下：

```
$ ( "p" )
```

表示在页面中选取所有 <p> 元素

2）id 选择器

jQuery #id 选择器通过 HTML 元素的 Id 属性选取指定的元素。页面中元素的 Id 应该是唯一的，所以要在页面中选取唯一的元素需要通过#id 选择器。通过 Id 选取元素语法如下：

```
$ ( "#test" )
```

3）Class 选择器

jQuery 类选择器可以通过指定的 Class 查找元素。

语法如下：

```
$ ( ".test" )
```

2. 事件处理

在 jQuery 中，大多数 DOM 事件都有一个等效的 jQuery 方法。例如，页面中指定一个点击事件：$ ("p") .click ( )，下一步是定义什么时间触发事件。可以通过一个事件函数实现：

```
$ ( "p" ) .click ( function ( ) {
// 动作触发后执行的代码
} ) ;
```

常用的 jQuery 事件方法

1）$(document). Ready()

$(document).ready()方法允许我们在文档完全加载完后执行函数。

2）click()

Click()方法是指当按钮点击事件被触发时会调用一个函数。该函数在用户点击 HTML 元素时执行。在下面的实例中，当点击事件在某个<p>元素上触发时，隐藏当前的<p>元素：

```
    $("p").click(function(){

        $(this).hide();

});
```

3）dblclick()

当双击元素时，会发生 dblclick 事件。dblclick 事件调用，该方法规定当发生 dblclick 事件时运行的函数。

```
$("p").dblclick(function(){
    $(this).hide();
});
```

4）mouseenter()

当鼠标指针穿过元素时，会发生 mouseenter 事件。mouseenter 事件调用 mouseenter（）方法，该方法规定当发生 mouseenter 事件时运行的函数。

```
$("#p1").mouseenter(function(){
    alert("You entered p1!");
});
```

5）mouseleave()

当鼠标指针离开元素时，会发生 mouseleave 事件。mouseleave 事件调用 mouseleave（）方法，该方法规定当发生 mouseleave 事件时运行的函数。

```
$("#p1").mouseleave(function(){
    alert("Bye! You now leave p1!");
});
```

6）mousedown()

当鼠标指针移动到元素上方，并按下鼠标按键时，会发生 mousedown 事件。mousedown 事件 mousedown（）方法调用，该方法规定当发生 mousedown 事件时运行的函数。

```
$("#p1").mousedown(function(){
    alert("Mouse down over p1!");
});
```

7）mouseup()

当在元素上松开鼠标按钮时，会发生 mouseup 事件。mouseup 事件调用 mouseup（）方法，该方法规定当发生 mouseup 事件时运行的函数。

```
$("#p1").mouseup(function(){
    alert("Mouse up over p1!");
});
```

8）hover()

Hover()方法用于模拟光标悬停事件。当鼠标移动到元素上时，会触发指定的第一个函数（mouseenter）；当鼠标移出这个元素时，会触发指定的第二个函数（mouseleave）。

```
$("#p1").hover(function(){
        alert("You entered p1!");
        },
        function(){
        alert("Bye! You now leave p1!");
});
```

9）focus（ ）

当元素获得焦点时，发生 focus 事件。当通过鼠标点击选中元素或通过 tab 键定位到元素时，该元素就会获得焦点。focus 事件调用 focus（ ）方法，该方法规定当发生 focus 事件时运行的函数。

```
$("input").focus(function(){
        $(this).css("background-color","#cccccc");
});
```

10）blur()

当元素失去焦点时，发生 blur 事件。blur 事件调用 blur()方法，该方法规定当发生 blur 事件时运行的函数：

```
$("input").blur(function(){

        $(this).css("background-color","#ffffff");
});
```

6.3.3　jQuery AJAX

jQuery 提供多个与 AJAX 有关的方法。通过 jQuery AJAX 方法，能够使用 HTTP Get 和 HTTP Post 从远程服务器上请求文本、HTML、XML 或 JSON ，同时能够把这些外部数据直接载入网页的被选元素中。jQuery Ajax 在 Web 应用开发中很常用，它主要包括有 ajax()，get()，post()，load()，getscript()等这几种常用无刷新操作方法。

1. load()方法

jQuery load()方法是简单但强大的 AJAX 方法。load()方法从服务器加载数据，并把返回的数据放入被选元素中。语法结构如下：

```
$（selector）.load（URL，data，callback）;
```

load()方法的参数说明如下：

URL：规定希望加载的 URL。

data：该参数为可选，规定与请求一同发送的查询字符串键/值对集合。

callback：可选，参数是 load()方法完成后所执行的函数。callback 参数规定当 load()方法完成后所要允许的回调函数。回调函数可以设置不同的参数：

① responseTxt：包含调用成功时的结果内容。

② statusTxt：包含调用的状态。

③ xhr：包含 XMLHttpRequest 对象。

【例 6.3】将项目 AjaxProject 的 file 文件夹下的 content.txt 文件内容加载到 DIV 标签中。

（1）在 WebContent 目录下新建 loadFile.jsp。在 loadFile.jps 文件中首先引入 jquery.js。内容如下：

```
<%@ page language="java" contentType="text/html; charset=UTF-8"
    pageEncoding="UTF-8"%>
<!DOCTYPE html>
<html>
<head>
<meta charset="UTF-8">
<!—要使用 jQuery,首先必须引入 jquery.js-->
<script type="text/javascript"
src="https://cdn.staticfile.org/jquery/1.10.2/jquery.min.js"></script>
<title>jQuery Ajax 加载文件内容</title>
<script>
$(document).ready(function(){
  //给 button 标签添加单击事件
  $( "button").click(function(){
    $("#div1").load('<%=request.getContextPath()%>/file/content.txt');
  });
});
</script>
</head>
<body>
<div id= "div1"></div>
<button>获取文件内容</button>
</body>
</html>
```

（2）启动 Tomcat，在浏览器地址栏中输入 http://localhost:8080/AjaxProject/loadFile.jsp，单击页面上的获取文件内容，可以看到如图 6.5 所示的结果。

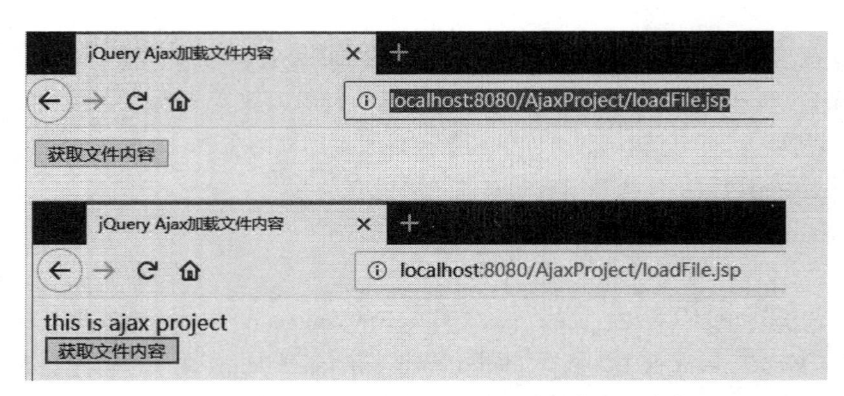

图 6.5　使用 jQuery 的 load（ ）方法加载文件内容

【例 6.4】使用 jQuery 的 load（ ）方法加载文件内容后执行回调函数：

调用 jQuery 的 load（ ）方法加载 file 文件夹下的 content.txt 文件后显示一个提示框。如果 load（ ） 方法已成功，则显示“文件内容加载成功”，而如果失败，则显示相应的错误消息。

（1）在 WebContent 目录下新建 loadCallback.jsp，内容如下：

```
<%@ page language="java" contentType="text/html; charset=UTF-8"
    pageEncoding="UTF-8"%>
<!DOCTYPE html>
<html>
<head>
<meta charset= "utf-8">
<script src= "https://cdn.staticfile.org/jquery/1.10.2/jquery.min.js">
</script>
<script>
$(document).ready(function(){
$("button").click(function(){    $("#div1").load("<%=request.getContextPath()%>/file/content.txt", function(responseTxt,statusTxt,xhr){
        if(statusTxt== "success")
          alert("外部内容加载成功!");
        if(statusTxt=="error")
          alert("Error:"+xhr.status+ ":"+xhr.statusText);
    });
  });
});
</script>
</head>
<body>
```

```
<div id="div1"></div>
<button>获取文件内容</button>

</body>
</html>
```

（2）启动 Tomcat，在浏览器地址栏中输入 http://localhost:8080/AjaxProject/loadCallback.jsp，单击获取文件内容，结果如图 6.6.所示。

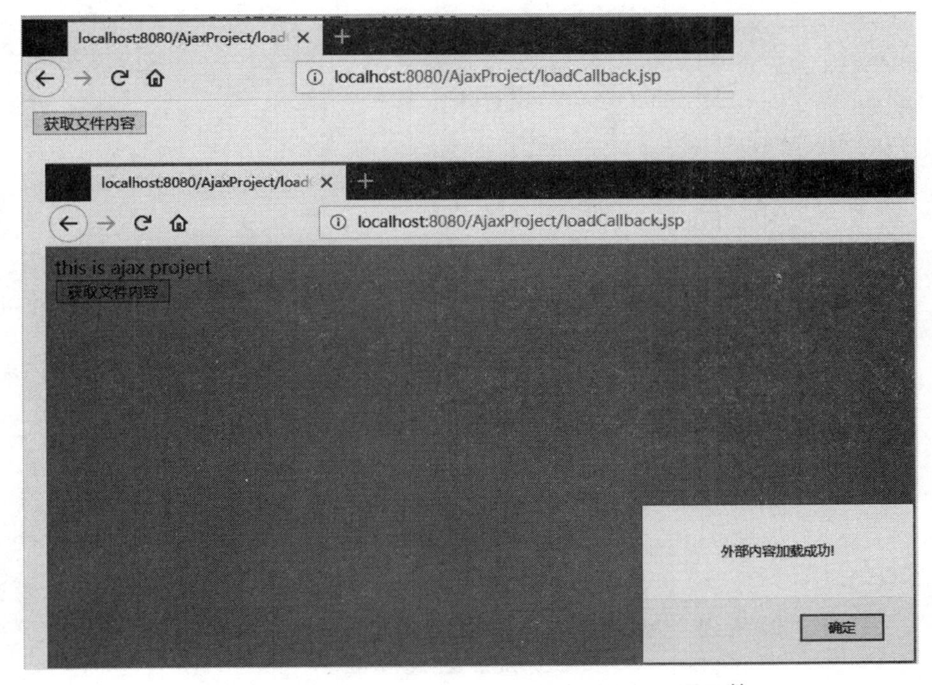

图 6.6　使用 jQuery 的 load（ ）方法后执行回调函数

2. get（ ）和 post（ ）方法

jQuery get（ ）和 post（ ）方法用于通过 HTTP Get 或 Post 请求从服务器请求数据。

GET：从指定的资源请求数据；

POST：向指定的资源提交要处理的数据。

Get 基本上用于从服务器获得（取回）数据。注：Get 方法可能返回缓存数据。

Post 也可用于从服务器获取数据。不过，POST 方法不会缓存数据，并且常用于连同请求一起发送数据。

jQuery $.get（ ） 方法的语法结构为：

```
$.get（URL，callback）;
```

$.get（ ）方法的参数：

URL：请求的 URL；

callback：请求成功后所执行的回调函数。

【例 6.5】使用 jQuery 的 get( )方法加载文件内容后执行回调函数：使用 jQuery 的 get( )方法请求 Servlet，在 Servlet 的 doGet( )方法中读取 file 文件夹下 content.txt 文件的内容并加载在浏览器的 DIV 标签中。

（1）在 src 目录下新建名称为 ReadFileServlet 的 Servlet，覆盖 doGet( )方法，内容如下所示：

```
package com.cn;

import java.io.*;
import javax.servlet.http.*;
import javax.servlet.annotation.WebServlet;
import javax.servlet.ServletException;
@WebServlet(urlPatterns= {"/readFile"})
public class ReadFileServlet extends HttpServlet {
    @Override
    protected void doGet(HttpServletRequest req, HttpServletResponse resp) throws ServletException, IOException {
                //获取项目的绝对路径
                String realPath = req.getServletContext().getRealPath("");
                File file = new File(realPath+File.separator+"file/content. txt");
                FileInputStream fis = new FileInputStream(file);
                BufferedReader bufferedReader = new BufferedReader(new Input Stream Reader(fis));
                StringBuilder sb = new StringBuilder();
                String line = bufferedReader.readLine();
                while(line != null) {
                    sb.append(line);
                    line = bufferedReader.readLine();
                }
                //文件读取的内容返回给客户端
                resp.getWriter().write(sb.toString());
    }
}
```

（2）在 WebContent 目录下新建 getFile.jsp，内容如下所示：

```
<%@ page language="java" contentType="text/html; charset=UTF-8"
    pageEncoding="UTF-8"%>
<!DOCTYPE html>
<html>
```

```
<head>
<meta charset="UTF-8">
<script src="https://cdn.staticfile.org/jquery/1.10.2/jquery.min.js">
</script>
<title>发送一个 HTTP GET 请求并获取返回结果</title>
<script type="text/javascript">
$(document).ready(function(){
  $("button").click(function(){
    $.get("<%=request.getContextPath()%>/readFile",function(data, status){
        //alert("数据:"+ data + "\n 状态:"+ status);
        //请求的文件内容添加到 div 中
        $('#myDiv').text(data);
    });
  });
});
</script>

</head>
<body>
<button>发送一个 HTTP GET 请求并获取返回结果</button>
<div id= "myDiv"></div>
</body>
</html>
```

（3）启动 tomcat，在浏览器的地址栏中输入 http://localhost:8080/ AjaxProject/ getFile.jsp，可以看到如图 6.7 所示的结果。

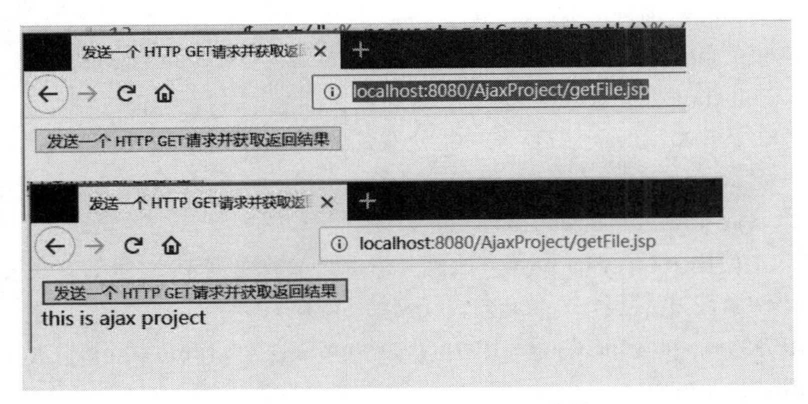

图 6.7　使用 jQuery 的 get（ ）方法

$.post（ ）方法通过 HTTP POST 请求向服务器提交数据。语法结构为：

$.post（URL，data，callback）;

该方法的参数：

URL: 请求的 URL;

data：向服务发送的参数;

callback：请求成功后所执行的回调函数。

【例 6.6】使用 jQuery 的 post（）方法提交请求，求两个数之和并将结果返回客户端。

（1）在 WebContent 目录下新建 add.jsp，在 add.jps 页面中声名有两个文本标签，利用 HTML5 特性设置两个文本标签（只能输入数字）和一个按钮。单击按钮执行 jQuery 的 post（）方法将表单数据提交到名称为 SumServelt 的 Servlet。Servlet 接收到表单提交的数据并求和，然后将结果返回给浏览器显示。add.jsp 和 Servlet 的代码如下所示：

//add.jsp

```
<%@ page language="java" contentType="text/html; charset=UTF-8"
     pageEncoding="UTF-8"%>
<!DOCTYPE html>
<html>
<head>
<meta http-equiv="Content-Type" content="text/html; charset=UTF-8">
<script src="https://cdn.staticfile.org/jquery/1.10.2/jquery.min.js"> </script>
<title>jQuery Post</title>
</head>
<body>
     <!—使用 html5 的特性 type=number 设置输入框只能输入数字→
     num1:<input type="number" name= "num1" id= "num1"><br>
     num2:<input type= "number" name= "num2" id= "num2"><br>
     <button onclick= "submitData()">提交</button><br>
     <h3></h3>
     <script type= "text/javascript">
         function submitData(){
           //使用 jQuery 的 ID 选择器分别获取 num1 和 num2 的值
       var num_1 = $('#num1').val();
         var num_2 = $('#num2').val();
         //使用 jQuery 的 post 方法提交请求，参数通过 JS 对象的方式提交，格式:
         //属性:值，属性：值...方式提交给 Servlet
   $.post("<%=request.getContextPath()%>/SumServlet",{num1:num_1,num2:num_2
},function(data,status){
               $('h3').text(data);
           });
```

```
            }
        </script>
    </body>
    </html>
```

//SumServelt.java

```
    package com.cn;
    import java.io.IOException;
    import javax.servlet.annotation.WebServlet;
    import javax.servlet.http.*;
    import javax.servlet.*;
    @WebServlet(urlPatterns={"/SumServlet"})
    public class SumServelt extends HttpServlet {
        @Override
        protected void doPost(HttpServletRequest req, HttpServletResponse resp)
                throws ServletException, IOException {
            //获取 iQuery 的 post 方法提交的参数 num1 和 num2 参数的值
            String num1 = req.getParameter("num1");
            String num2 = req.getParameter("num2");
            //字符串转换为整数进行相加运算
            int num1Int = Integer.parseInt(num1);
            int num2Int = Integer.parseInt(num2);
            int sum = num1Int+num2Int;
            //结果返回给浏览器
            resp.getWriter().write("num1+num2="+sum);
        }
    }
```

程序说明：

在 add.jsp 页面中声明了两个数字输入框（利用 HTML5 新增的类型），给提交按钮添加了单击事件，当单击按钮时，使用 jQuery 的 ID 选择器获取到属性并使用 val（ ）方法得到输入框中输入的数字。jQuery 使用 post（ ）方法将 2 个数字提交到 SumServlet，jQuery 提交给 Servlet 的参数以 JavaScript 对象的方式提交，格式为：

{属性 1:值，属性 2：值，…}

jQuery 提交成功后，SumServelt 处理后将结果字符串返回，使用 jQuery 的回掉函数接收 SumSevlet 返回的字符串并显示在<h3>标签中。

（2）启动 Tomcat，在浏览器中输入 http://localhost:8080/AjaxProject/add.jsp，在标签中输入数字，最后单击按钮“提交”，可以看到如图 6.8 所示的界面。

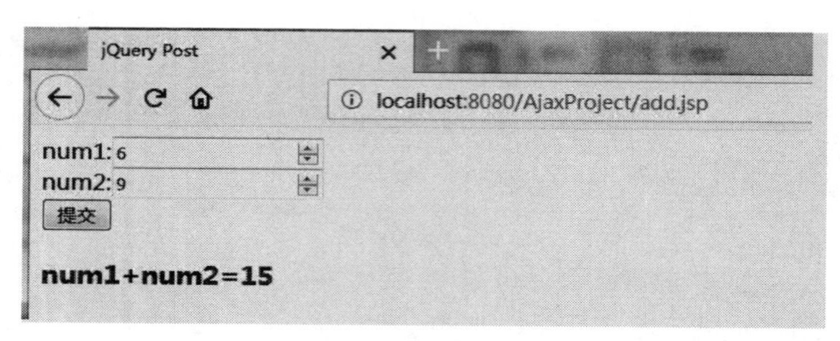

图 6.8　jQuery 方法

3. ajax()方法

Ajax()方法通过 HTTP 请求加载远程数据，该方法是 jQuery 底层 AJAX 实现。简单易用的高层实现见 $.get, $.post 等。$.ajax()返回其创建的 XMLHttpRequest 对象。大多数情况下无须直接操作该函数，除非需要操作不常用的选项，以获得更多的灵活性。语法结构为：

```
$.ajax ( {name:value, name:value, ... } )
```

默认情况下，AJAX 请求使用 Get 方法。如果要使用 Post 方法，可以设定 type 参数值。这个选项也会影响 data 选项中的内容如何发送到服务器。data 选项既可以包含一个查询字符串，比如 key1=value1&key2=value2，也可以是一个映射，比如{key1: 'value1', key2: 'value2'}。如果使用了后者的形式，则数据再发送器会被转换成查询字符串。这个处理过程也可以通过设置 processData 选项为 false 来回避。如果希望发送一个 XML 对象给服务器时，这种处理可能并不合适。并且在这种情况下，我们也应当改变 contentType 选项的值，用其他合适的 MIME 类型来取代默认的 application/x-www-form-urlencoded，该参数规定 AJAX 请求的一个或多个名称/值对。表 6.4 列出了可能的名称/值。

表 6.4　AJAX 函数可能的名称/值

属性	说明
async	布尔值，表示请求是否异步处理。默认是 true
beforeSend（*xhr*）	发送请求前运行的函数
cache	布尔值，表示浏览器是否缓存被请求页面。默认是 true
complete（*xhr*，*status*）	请求完成时运行的函数（在请求成功或失败之后均调用，即在 success 和 error 函数之后）
contentType	发送数据到服务器时所使用的内容类型。默认是："application/x-www-form-urlencoded"
context	为所有 AJAX 相关的回调函数规定 "this" 值
data	规定要发送到服务器的数据
dataFilter（*data*，*type*）	用于处理 XMLHttpRequest 原始响应数据的函数

续表

属性	说明
dataType	预期的服务器响应的数据类型
error（*xhr*，*status*，*error*）	如果请求失败要运行的函数
global	布尔值，规定是否为请求触发全局 AJAX 事件处理程序。默认是 true
ifModified	布尔值。仅在服务器数据改变时获取新数据。服务器数据改变判断的依据是 Last-Modified 头信息。默认值是 false，即忽略头信息
jsonp	在一个 jsonp 中重写回调函数的字符串
jsonpCallback	在一个 jsonp 中规定回调函数的名称
password	规定在 HTTP 访问认证请求中使用的密码
processData	布尔值，规定通过请求发送的数据是否转换为查询字符串。默认是 true
scriptCharset	规定请求的字符集
success(*result*,*status*,*xhr*)	当请求成功时运行的函数
timeout	设置本地的请求超时时间（以毫秒计）
traditional	布尔值，规定是否使用参数序列化的传统样式
type	规定请求的类型（Get 或 Post）
url	规定发送请求的 URL。默认是当前页面
username	规定在 HTTP 访问认证请求中使用的用户名
xhr	用于创建 XMLHttpRequest 对象的函数

【例 6.7】将例 6.6 的 post（ ）方法修改为使用 jQuery 的 ajax（ ）方法提交请求：求两个数之和并将结果返回客户端。

（1）将 add.jsp 页面的 submitData 函数内容修改如下：

```
function submitData(){
        var num_1 = $('#num1').val();
        var num_2 = $('#num2').val();
        $.ajax({
                url:"<%=request.getContextPath()%>/SumServlet",
                type:"POST",//使用 POST 方式提交
                data:{num1:num_1,num2:num_2},//提交的参数
                dataType:"text",//类型
```

```
                success:function(data,textStatus){
                    $('h3').text(data);
                }
            });
        }
```

（2）运行结果如图 6.8 所示。

AJAX 高级选项：global 选项用于阻止响应注册的回调函数，比如 ajaxSend，或者 ajaxError，以及类似的方法。这在有些时候很有用，比如发送的请求非常频繁且简短的时候，就可以在 ajaxSend 里禁用这个。如果服务器需要 HTTP 认证，可以使用用户名和密码并通过 username 和 password 选项来设置。AJAX 请求是限时的，所以错误警告被捕获并处理后，可以用来提升用户体验。请求超时这个参数通常就保留其默认值，要不就通过 jQuery.ajaxSetup 来全局设定，很少为特定的请求重新设置 timeout 选项。默认情况下，请求总会被发出去，但浏览器有可能从它的缓存中调取数据。要禁止使用缓存的结果，可以设置 cache 参数为 false。如果希望判断数据自从上次请求后没有更改过就报告出错的话，可以设置 ifModified 为 true。scriptCharset 允许给<script>标签的请求设定一个特定的字符集，用于 script 或者 jsonp 类似的数据，当脚本和页面字符集不同时，这特别好用。AJAX 的第一个字母是 Asynchronous 的开头字母，这意味着所有的操作都是并行的，完成的顺序没有前后关系。$.ajax()的 async 参数总是设置成 true，这标志着在请求开始后，其他代码依然能够执行。强烈不建议把这个选项设置成 false，这意味着所有的请求都不再是异步的了，这也会导致浏览器被锁死。$.ajax 函数返回它创建的 XMLHttpRequest 对象。通常 jQuery 只在内部处理并创建这个对象，但用户也可以通过 xhr 选项来传递一个自己创建的 xhr 对象。返回的对象通常已经被丢弃了，但依然提供一个底层接口来观察和操控请求。比如说，调用对象上的. abort()可以在请求完成前挂起请求。

6.4 本章小结

本章首先介绍了什么是 AJAX，AJAX 与传统的 Web 开发的不同，然后介绍 XMLHttpRequest 对象的使用，最后介绍了 jQuery 的选择器，操作元素的方法，以及 jQuery 的 Ajax 的 get()、post()、和 ajax()方法的使用，每个方法都有实例介绍。通过本章学习，读者应对什么是异步提交以及 AJAX 的使用有较深的理解，并能掌握 XMLHttpRequest 和 jQuery 的 AJAX 编程的方法和步骤，能够进行实际的前端应用程序的开发。

习　题

1. 简述 Ajax 开发模式与传统的 Web 开发模式的区别。
2. 简述使用 XMLHttpRequest 对象使用的步骤。
3. 简述 AJAX 的交互模型，以及同步和异步的区别。
4. AJAX 都有哪些优点和缺点？
5. jQuery 中$.get()提交和$.post()提交的区别是什么？

第7章　MVC模式

7.1　MVC概述

MVC的全名是Model View Controller，是“模型（model）–视图（view）–控制器（controller）”的缩写，是一种软件设计典范。它是用一种业务逻辑、数据与界面显示分离的方法来组织代码，将众多的业务逻辑聚集到一个部件里面，在需要改进和个性化定制界面及用户交互的同时，不需要重新编写业务逻辑，达到减少编码时间的目的。

MVC开始是存在于桌面程序中的，M是指业务模型，V是指用户界面，C则是控制器。

使用的MVC的目的：在于将M和V的实现代码分离，从而使同一个程序可以使用不同的表现形式。比如Windows系统资源管理器文件夹内容的显示方式，左边为详细信息显示方式，右边为中等图标显示方式，文件的内容并没有改变，改变的是显示的方式。不管用户使用何种类型的显示方式，文件的内容并没有改变，达到M和V分离的目的。

在Web程序中，V即View（视图），是指用户看到并与之交互的界面。比如由HTML元素组成的网页界面，或者软件的客户端界面。MVC 的好处之一在于它能为应用程序处理很多不同的视图。在视图中其实没有真正的处理发生，它只是作为一种输出数据并允许用户操纵的方式。

M即Model（模型），表示业务规则。在MVC的三个部件中，模型拥有最多的处理任务。被模型返回的数据是中立的，模型与数据格式无关，这样一个模型能为多个视图提供数据，由于应用于模型的代码只需写一次就可以被多个视图重用，所以减少了代码的重复性。

C即controller（控制器），用来接收用户的输入并调用模型和视图去完成用户的需求。控制器本身不输出任何东西和做任何处理，它只是接收请求并决定调用哪个模型构件去处理请求，然后再确定用哪个视图来显示返回的数据。Web MVC标准的架构如图7.1所示。

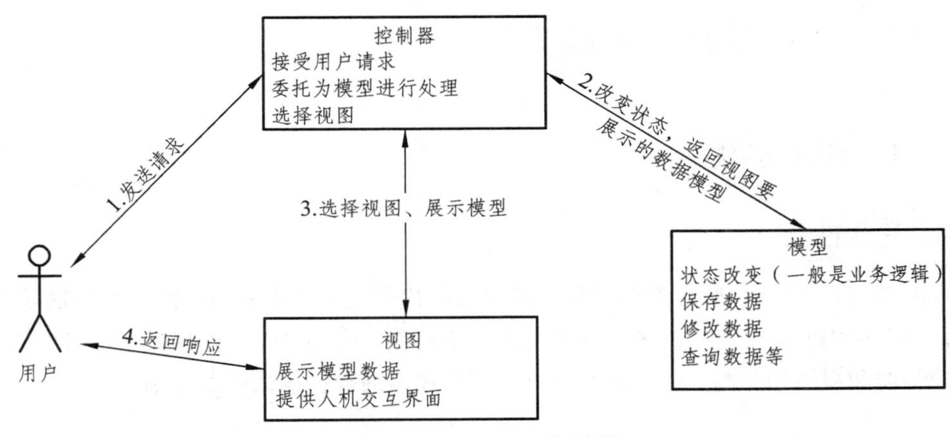

图 7.1　Web MVC 架构图

7.2　MVC 举例

在 JavaEE 开发中最典型的 MVC 就是 JSP+Servlet+JavaBean 模式如图 7.2 所示。JavaBean 作为模型，既可以作为数据模型来封装业务数据，又可以作为业务逻辑模型来包含应用的业务操作。其中，数据模型用来存储或传递业务数据，而业务逻辑模型接收到控制器传过来的模型更新请求后，执行特定的业务逻辑处理，然后返回相应的执行结果。

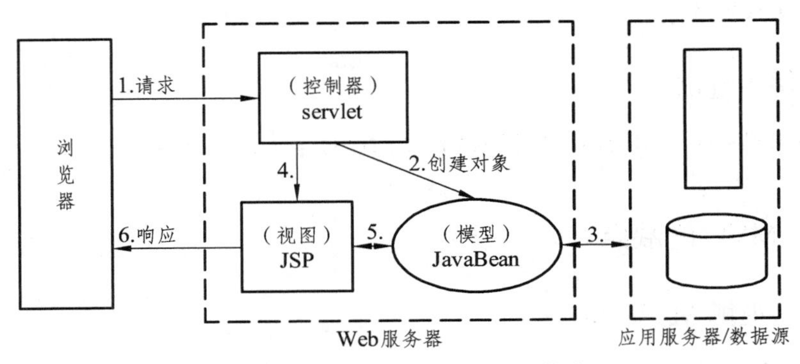

图 7.2　JSP+Servlet+JavaBean 模式

JSP 作为表现层，负责提供页面为用户展示数据，提供相应的表单（Form）来接收用户的请求，并在适当的时候（点击按钮）向控制器发出请求来请求模型进行更新。

Serlvet 作为控制器，用来接收用户提交的请求，然后获取请求中的数据，将之转换为业务模型需要的数据模型，然后调用业务模型相应的业务方法进行更新，同时根据业务执行结果来选择要返回的视图。

7.3 MVC 的优点和缺点

7.3.1 MVC 的优点

1. 耦合性低

视图层和业务层分离，这样就允许更改视图层代码而不用重新编译模型和控制器代码，同样，一个应用的业务流程或者业务规则的改变只需要改动 MVC 的模型层即可。因为模型与控制器和视图相分离，所以很容易改变应用程序的数据层和业务规则。

2. 重用性高

MVC 模式允许使用各种不同样式的视图来访问同一个服务器端的代码，因为多个视图能共享一个模型，它包括任何 Web（HTTP）浏览器或者无线浏览器（Wap），比如，用户可以通过计算机也可通过手机来订购某样产品，虽然订购的方式不一样，但处理订购产品的方式是一样的。由于模型返回的数据没有进行格式化，所以同样的构件能被不同的界面使用。

3. 部署快，生命周期成本低

MVC 使开发和维护用户接口的技术含量降低，使开发时间得到相当大的缩减。它使程序员（Java 开发人员）集中精力于业务逻辑上，界面程序员（HTML 和 JSP 开发人员）集中精力于表现形式上。

4. 可维护性高

分离视图层和业务逻辑层也使得 WEB 应用更易于维护和修改。

7.3.2 MVC 的缺点

1. 完全理解 MVC 比较复杂

由于 MVC 模式提出的时间不长，加上初学者的实践经验不足，所以完全理解并掌握 MVC 不是一个很容易的过程。

2. 调试困难

因为模型和视图要严格的分离，这样也给调试应用程序带来了一定的困难，每个构件在使用之前都需要经过彻底的测试。

3. 不适合小型，中等规模的应用程序

在一个中小型的应用程序中，强制性的使用 MVC 进行开发，往往会花费大量时间，并且不能体现 MVC 的优势，同时会使开发变得繁琐。

4. 增加系统结构和实现的复杂性

对于简单的界面，严格遵循 MVC，使模型、视图与控制器分离，会增加结构的复杂性，并可能产生过多的更新操作，降低运行效率。

5. 降低了视图对模型数据的访问效率

视图与控制器是相互分离、但却是联系紧密的部件，视图没有控制器的存在，其应用是很有限的，反之亦然，这样就妨碍了他们的独立重用。

依据模型操作接口的不同，视图可能需要多次调用才能获得足够的显示数据。对未变化数据的不必要的频繁访问，也将损害操作性能。

7.4　本章小结

本章首先介绍了什么是 MVC，在 Web 开发中为什么要使用 MVC；然后介绍了 MVC 的优点和缺点。通过本章学习读者应该对 MVC 有了一定的认识，对以后的开发起到一定的帮助作用。

参考文献

[1] 马晓敏，姜远明，曲霖洁. Java 网络编程原理与 JSP Web 开发核心技术[M]. 2 版. 北京：中国铁道出版社，2018.

[2] 陈恒. 基于 Eclipse 平台的 JSP 应用教程[M]. 北京：清华大学出版社，2015.

[3] 周春容，刘耘. JSP 与 Servlet 开发技术基础[M]. 北京：东软电子出版社，2013.

[4] 杨占胜. JSP Web 应用程序开发教程[M]. 北京：西北工业大学出版社，2010.

[5] 耿祥义，张跃平. JSP 程序设计[M]. 2 版. 北京：清华大学出版社，2015.

[6] 温浩宇，李慧.Web 网站设计与开发教程（HTML5、JSP 版）[M]. 北京：西安电子科技大学出版社，2018.

[7] 温浩宇，李慧. Web 网站设计与开发教程（HTML5、JSP 版）[M]. 北京：西安电子科技大学出版社，2018.

[8] 何福贵. JSP 开发案例教程[M]. 北京：机械工业出版社，2013.

[9] 陈恒，朱毅，项聪. JSP 网站设计教学做一体化教程[M]. 北京：清华大学出版社，2012.

[10] 邓璐娟，张志锋，张建伟，宋胜利. JSP 程序设计与项目实训教程[M]. 2 版. 北京：清华大学出版社，2016.

[11] 明日科技. jQuery 从入门到精通[M]. 北京：清华大学出版社，2017.

[12] 车云月. jQuery 开发指南[M]. 北京：清华大学出版社，2018.